bon temps   風格生活╳美好時光

我愛百變蛋料理
世上最好用食材的廚藝探索&105道蛋料理完全食譜

作　　　者	邁可·魯曼（Michael Ruhlman）
攝　　　影	唐娜·魯曼（Donna Turner Ruhlman）
譯　　　者	潘昱均
執 行 長	陳蕙慧
總 編 輯	曹　慧
主　　　編	曹　慧
封面設計	比比司設計工作室
內頁排版	比比司設計工作室
行銷企畫	陳雅雯、林芳如、汪佳穎
社　　　長	郭重興
發行人兼出版總監	曾大福
編輯出版	奇光出版／遠足文化事業股份有限公司 E-mail: lumieres@bookrep.com.tw 粉絲團：https://www.facebook.com/lumierespublishing
發　　　行	遠足文化事業股份有限公司 http://www.bookrep.com.tw 23141新北市新店區民權路108-4號8樓 電話：（02）22181417 客服專線：0800-221029　傳真：（02）86671065 郵撥帳號：19504465　戶名：遠足文化事業股份有限公司
法律顧問	華洋法律事務所　蘇文生律師
印　　　製	成陽印刷股份有限公司
三版一刷	2022年5月
定　　　價	399元

ISBN 978-626-95845-2-9
　　　978-626-9584543（EPUB）
　　　978-626-9584536（PDF）

線上讀者回函

國家圖書館出版品預行編目（CIP）資料

我愛百變蛋料理：世上最好用食材的廚藝探索&105道蛋
料理完全食譜 / 邁可.魯曼(Michael Ruhlman)著；潘昱均
譯. -- 三版. -- 新北市：奇光出版：遠足文化事業股份有限
公司發行, 2022.05
　　面；　公分
譯自：Egg : a culinary exploration of the world's most
versatile ingredient
ISBN 978-626-95845-2-9(平裝)

1.CST: 蛋食譜

　　　　　　　　　　　　　　　　　　　　　427.26
111003908

Egg

A Culinary Exploration of the World's Most Versatile Ingredient

我愛百變蛋料理

世上最好用食材的廚藝探索&

105 道蛋料理 完全食譜

Michael Ruhlman
邁可·魯曼／著

Donna Turner Ruhlman
唐娜·魯曼／攝影

潘昱均／譯

:::::: Contents ::::::

Part Four

{ 蛋 | 作為食材
麵團與麵糊的關鍵

· RECIPE ·

Part Five

{ 蛋 ｜ 分開利用
  蛋黃

· RECIPE ·

Part Six { 蛋 | 分開利用／蛋白

· RECIPE ·

Part
Seven

{ 蛋
分開但一起利用　　　　　　256

· Recipe ·

我為什麼要替世上
最萬能好用的食材寫一本書？

不久前我和亞頓・布朗[1]通電話，亞頓是美食作家、電視名人，我和他是在錄製「美國下一任料理鐵人」（The Next Iron Chef America）第一季節目時認識的。他問我最近在做什麼。

「我想寫一本關於蛋的書。」我說：「內容包含用雞蛋可以做出來的所有東西，如果大家知道料理蛋的各種方法，在百種技法的磨練下，烹飪功力必定大增。」

他說：「對啊！我總覺得蛋就像廚房裡的羅塞塔石碑[2]。」

這正是造就亞頓・布朗在電視界如此成功的原因，總以最佳比喻切中要點：一塊古老石碑，幫助我們解讀鮮為人知的語言。而「蛋」就如羅塞塔石，卻更為古老，是破解廚房神祕語言的祕方。學習料理蛋的語言，充分了解這個絕妙又美麗的橢圓球體，你就能邁向烹飪新境界，廚藝成就也將躍升為星級高度。

蛋集所有食物的優點之大成，結合美、優雅與簡潔，是自然設計的奇蹟，成為食物，也是恩賜。蛋包含生命誕生所需的所有營養，賜予我們身體蛋白質、胺基酸、脂肪酸、抗氧化劑、礦物質、維生素，這強大組合是其他單一食物無法比擬的。

吃生雞蛋，代表這食物幾乎在原始階段，而攝取這液狀物生命，卻能轉化為最複雜的料理創作。我想到我朋友，一起寫過書的名廚湯瑪斯・凱勒（Thomas Keller），想到他的松露卡士達。他用蛋和奶油為白松露提味，放回蛋殼裡煮，加上洋芋片點綴裝飾，吃的時候就著殼吃。這是史上最精緻的四星級料理，但是材料除了蛋、奶油、松露、馬鈴薯外，別無其他。簡單中見巧思。

蛋殼細緻卻堅固，布滿細孔卻具保護力。殼內有蛋白，是由十多種不同蛋白質形成的白色物體，每一種蛋白質都在生物成長時負責特定功能。有些負責餵養胚胎，有些負責抵禦大型掠食者，其他蛋白質則可使有害微生物無法作用。它以最優雅的方式演化，提供廚師一系列烹飪特技，給我們輕盈的蛋糕、酥脆的蛋白霜、蓬鬆的舒芙蕾，或黏得緊緊的海鮮陶罐派。

蛋黃是營養豐富且富含脂肪的

譯註1：亞頓・布朗（Alton Brown），美國最重要的美食節目製作人及主持人，製作的節目包括叫好叫座的「好食」（Good Eats）及「料理鐵人美國版」等。
譯註2：羅塞塔石碑（Rosetta Stone）於1799年在埃及羅塞塔出土，碑上以三種文字刻著法老詔書，語言學家對照下發現破解象形文字的線索，這塊石頭也成為解開古埃及文化的鑰匙。

球體，兩端連著稱為「卵繫帶」（chalazae）的蛋白質線圈，蛋黃球就由這些線圈懸在蛋白內。它也是雞蛋的營養中心，光是蛋黃的熱量就占了總熱量的3/4。內含鐵、維生素B1、維生素A、蛋白質、膽固醇和卵磷脂（這個壞胚子是可使油水混合的分子，蛋黃因此具有乳化能力，可使大量的油被少量的水乳化，是成就家常的美乃滋及細緻的貝亞恩醬等美食的必備項目。）

自然奇蹟理應少見，就像松露，蛋卻不虞匱乏；天生神物本就昂貴，蛋卻是店裡人人買得起的食物。它是物美價廉的量產商品，就連最好的蛋——那些只吃有機穀物且自由放養母雞生的蛋，每個也只需要30或40分美元。

雞蛋可獨挑大樑成為出色主角，像是放在全麥麵包上的水波蛋；也可入菜作為食材。在主廚眼裡，蛋也是評量廚師技巧的測試與認證標章。比起其他食材，大廚可由廚子料理蛋的方法掌握廚子程度，起碼摸得八九不離十，決定此人能否成為有潛力的手下。很多大廚要求年輕廚師把履歷表放一邊，直接做個歐姆蛋來瞧瞧！一出手便知有沒有，因為要做出一個好的歐姆蛋需要技巧、知識、經驗與靈巧手藝。

於是，我從很久以前就開始一步步思考烹煮蛋的重要性，將部分心得付諸實踐放在《輕鬆打造完美廚藝》（*Ruhlman's Twenty*）一書，用完整一章討論「蛋」的做法，我開宗明義是這麼寫的：

如果你只能選擇精通一樣食材，沒有比選擇蛋更能讓你在廚藝上獲益良多。蛋本身就是目的，是多功能的食材，也是全能的裝飾配菜，更是無價的運用工具。它讓你的手藝更精湛，幫助你的手臂更有力量更具耐力。它指引出蛋白質的特性，讓我們知道只要在熱度及強力方式作用下，可以物理原則改變食物。它是擎天一柱，支撐著讓其他食物變得更好。將蛋的各種使用法學到極致，你的廚藝功力必定大增十倍。

而在本書，我想陳述蛋料理的各個層面，以己之力窮盡蛋的極致。為了符合上述目的，我將蛋破解成各種用法。在我腦海中構思的不是片斷或單一食譜，而是整體，一個無處不相關的複雜圖像。自然界崇尚簡單化一，

而雞蛋就是自然之美的表徵。

　　追根究柢，雞蛋在廚房裡既不只歸於食材一類，也不是某種既定菜色，而是有上千種用途的單一類別。炒蛋、天使蛋糕、冰淇淋、蒜味蛋黃醬、熱脹泡芙、乳酪鹹泡芙、馬卡龍，甚至琴費茲雞尾酒都不能分開視為獨立品項，它們都是蛋這個類別下的一員，全都是同一件事。蛋就像一面透鏡，透過它我們可以看到全部廚藝，藉由料理蛋磨練自己，我們就能變成更好的廚師。

　　熟悉我工作的人都知道我深信廚藝才是王道。食譜在今日已可以自由取得，世上無處不有。如果你想成為更好的廚師而不成功，不是食譜出了問題，而是只依賴食譜的你搞錯了。你必須非常聰明地從食譜裡發掘出未知的技巧，只要掌握一項技巧，手邊就立刻有了上百道食譜可用。這就是廚藝學校不教食譜、只教廚藝的原因。

　　食譜是做菜點子的寶貴資源，我常利用它們。有時食譜上直接蹦出一個我不熟悉的技巧，有時我喜歡用不同食譜比較同一種料理的做法——**為什麼這個快發麵包又用泡打粉又用小蘇打？為什麼那本的麵包用的蛋比麵粉多這麼多？結果又有什麼差異？**

到了自己寫食譜的時候，常拿出各種食譜對照來看，從每道配方中篩選出我喜歡且有我個人特質的元素（包括喜好、個人取向、實際作用及發揮程度），所呈現的食譜或多或少已是我自己的（我不確定古早傳下來的食譜是否還有真正獨一無二的配方）。這本書有很多很棒的食譜，即使你只愛上桌吃飯，完全不想成為更好的料理人，這本書裡的烹飪功夫也會讓你覺得像個巨星。另一個會挑中這些菜色的原因也在於它們是展現做蛋技巧最經典或獨特的例子，有這些技巧才使蛋的魔法成為可能。

　　蛋這個小宇宙，富含數十種料理技術，我敢說沒有哪個單一食材能與它相比，根本遠遠不及。蛋就像構成豐富自成圓滿的百寶箱，難道我們不該從它身上期待更多？

蛋的料理樹狀圖

　　以樹狀結構說明蛋的功用，這想法很自然就出現了，只要稍微思考一下，提問：「蛋可以拿來做什麼？」

　　答案顯而易見，什麼東西都可以，視情況而定。看你要連殼烹煮還是去殼烹煮？如果想連殼煮，要煮得老一點還是嫩一點呢？如果想去殼煮，是

蛋白蛋黃分開利用，還是合在一起用呢？如果想一起用，是要作為蛋糕的膨脹劑還是美乃滋的乳化劑？

你甚至可以玩個遊戲：設想一道需要用到蛋的料理，可能是法式鹹派、蛋糕、水波蛋，或是乳酪培根蛋麵，對方可以猜20次。開始玩時詢問相同的問題：蛋是帶殼煮還是去殼煮？如果是去殼利用，是全蛋一起用還是分開用？如果是分開用？是用蛋白還是用蛋黃？如果是全蛋一起用，蛋要打過還是沒打過？

我忽然領悟到這種樹狀結構可在視覺上說明蛋有多好用，我要把它畫出來。但要把蛋料理的製作程序整理好，才能讓它們在此架構下以圖像呈現，這麼一想，我坐在餐桌前抓著一捆烘焙紙就把樹狀結構寫出來了，非常簡略，就像老師畫在黑板上有待改進的草圖。但有用就好，真的可以把蛋的各種呈現畫成圖示大綱，這個圖足足可畫一呎半長。

我準備認真對待它，便要我老婆兼工作夥伴唐娜把它畫出來，她對圖像事物總是比較在行。我把所有東西都標出來，她發現可能需要更多空間才能把東西都放進去。結果完成圖用掉了五呎長的烘焙紙。

好個漂亮玩意，令人目不轉睛。我把它橫掛在我書桌後方的書架上。新年時，我邀請大夥來參加早午餐聚會，走進我辦公室的人全都盯著這幅圖瞧，彷彿它是藝術作品。眾人停在它前面，指著裡面的內容要同伴看，然後再尋找更多細節。還有不少人站著看了十多分鐘才捨不得離開。「邁可！」他們問：「這是什麼？」

為了滿足大家想要這張樹狀圖的需求，我把它做成海報，隨書附贈。

我的料理法則

我親愛的編輯，麥可·山德（Michael Sand），有時我真會被他逼得想把頭髮拔光。我一頁一頁看著麥可改過的手稿，這些稿子要經過他的編輯才能成書，在我眼中他是個逗點狂。我寫東西向來不管三七二十一，只管把逗點丟到紙上，然後希望它們落在正確位置上。我對麥可的吹毛求疵致上無比謝意，他把食譜中令人困惑和偷懶的語句修好，提醒我注意，不讓我像個白癡。他的提問都很雅，想必很對以風雅著稱的前《紐約客》編輯威廉·夏恩（William Shawn）的胃口。

但他一直不斷問我奶油是用加鹽的

還是無鹽的？不停把書裡的「蛋」改成「大號的雞蛋」。我為什麼快瘋了？就是被這些最基本的問題搞的，因為這些問題**無關緊要**。

但話說回來，這些問題也不能說不重要（我很想在上述語句中放上三個逗點，但被打回票）。

總之，這些問題標示了撰寫食譜最根本的困難處：料理是如此細微繁瑣，要把每道菜的做法細節一點不差地寫出來要花上很長篇幅，大概會比大衛‧佛斯特‧華萊士[3]的小說還要長，還要加上兩倍長的註腳和兩倍長的附錄。結果是沒有人能照著做，更不用說做得像食譜一樣好，因為不管如何它**仍然**不夠完整。這就是烹飪瑣碎的地方。

我不是主廚，但我是廚師，我和很多天才大廚合寫過書，也替很多天才大廚寫過，每一位都讓我獲益良多，我將所學對照自己的廚藝經驗，成為我個人的料理特色──不走精雕細琢、吹毛求疵那一套，而是追求豐富熱情，擁抱生命。

鹽是廚房裡最有價值的成分，這是名廚湯瑪斯‧凱勒在16年前告訴我的。當時我問他什麼是廚師在廚房裡最需要知道的重要事項，他想了一會兒後回答：「如何用鹽，這是新廚師剛進『法國洗衣店』餐廳（French Laundry）工作時，我們要教的第一件事。」

另位名廚麥可‧西蒙（Michael Symon）教我洋蔥剛下鍋時就得加鹽（我以前總是等到洋蔥炒到水都快逼乾時才加），他這樣做是為了好入味，我照做後就理解了，先加鹽不但容易出水，也煮得快些。這就是對照別人教我的技巧後的個人理解，這點子也不是麥可‧西蒙自己想的，而是他早年入行時，從另個主廚那裡學的。麥可‧帕德斯（Michael Pardus）[4]教我在煮麵水裡加鹽的方法（煮義大利麵的水要**吃得出鹹味**）。艾瑞克‧里佩爾（Eric Ripert）[5]教我魚要怎麼抹鹽，茱蒂‧羅傑絲（Judy Rodgers）[6]教我醃肉。然後又要說到凱勒，他教我太多東西，而我不知從何說起，在哪結束。他教我不管我用哪種鹽，關鍵因素都在於每次用鹽的

譯註3：大衛‧佛斯特‧華萊士（David Foster Wallace），美國作家，作品具哲學思辯，喜歡寫長句長文，且附註與註腳都比正文還要長。

譯註4：麥可‧帕德斯（Michael Pardus），美國廚藝學院教授。

譯註5：艾瑞克‧里佩爾（Eric Ripert）廚神侯布匈之徒，25歲由法移居美國，29歲接管紐約知名餐廳Le Bernardin，2006年榮獲米其林三星，Le Bernardin被譽為全美最佳海鮮餐廳。

份量應該定量，所以我也養成手指抓鹽都是**定量**的習慣。

我以前寫書的時候，企圖將老師傅慣用的比例轉換成現代常用比例，也許在那時我學到極重要的事，也就是將食材重量兌換成容積計算的重要性，這會讓所有烹飪工作更容易也更一致。所以如果你有秤，請使用它，特別在秤麵粉和大量鹽時更需要。

看吧，光是鹽的問題我就可以一直說下去，而且現在還沒說到鹽在食譜的應用及對奶油的影響（可增加風味），並且它和雞蛋也沒有特別關係（除了可使蛋更好吃）。所以麥可・山德對於奶油是加鹽奶油或是無鹽奶油的問題需要一篇論文才能回答，但我試著將它濃縮成以下說法：我用的奶油是加鹽，因為我從四年級開始做菜時用的就是加鹽奶油，我已經習慣了。即使甜點也受惠於鹽，加鹽奶油用在糕點上也有很好作用。但主廚多半使用無鹽奶油，這是因為他們想在食物中嚴格控制鹽的份量，對此我並無意見。事實上鹽的份量在糕點廚房特別重要，這也是我在必要時要選用加鹽奶油的原因。

所以倘若加鹽奶油和無鹽奶油幾乎產生相同效果，我們又該如何看待這件事？我們學到非常重要的一課：要做一頓好料理，我們得在整個烹調過程保持專注、思考，並不斷試吃及評量食物狀況。

這讓我回到「大號雞蛋」的問題。所謂「大號雞蛋」在美國的定義是「重2盎司的雞蛋」，而在哈洛德・馬基[7]所著的《食物與廚藝》中，註記了大號雞蛋必須重達55克（大概比2盎司少1克），而蛋白須重38克，蛋黃則要有17克。但事情並不總是精準無誤的，有些「大號」雞蛋會重一點，有的則輕一些。其他資料來源還會告訴你，重50克的雞蛋有70卡路里，但馬基說這樣的雞蛋正好是84卡路里。而實際的情況是，如果你把10顆大號雞蛋打入碗中，你會發現它們總重相當接近550克，其中蛋白有380克，蛋黃有170克（如果你擔憂熱量問題，就要吃得更聰明些）。

譯註6：茱蒂・羅傑絲（Judy Rodgers, 1956-2013），天才洋溢的早逝大廚，16歲遠赴法國追隨廚神涂華高兄弟習藝，1987年在舊金山開Zuni Cafe，是舊金山最具盛名的餐廳。

譯註7：哈洛德・馬基（Harold McGee），食物科學家，以化學及科學角度分析食物及飲食歷史，著有《食物與廚藝》（*On Food and Cooking：The Science and Lore of Kitchen*）。

各種雞蛋的營養差異 ●●●●●●●●●●●●●●●●●●●●●●●●●●●●●●

　　人們對於食物議題總是爭論不休，2010年的《時代》雜誌就有文章表示，有機蛋並不比工廠養殖蛋更有益於人體健康，不管你支持這篇文章或站在反對陣營（很多有機蛋的支持者大大譴責這篇文章），採取立場前都必須看懂雞蛋標示含義（詳情請見下頁專欄），另外請運用常識思考問題。雖然沒有絕對方法確保你能吸收蛋裡的所有營養，但《再生農業與食物系統》（*Renewable Agriculture and Food Systems*）期刊曾刊出賓州大學研究人員的獨立研究報告，文中表示放牧雞蛋比工廠養殖蛋更有營養，我就覺得這說法很有道理。

　　我總是鼓勵大家先用常識想想。理想的狀況是你知道賣蛋給你的人是誰，也問得到雞是怎麼養的，又是吃什麼飼料。賓州大學的研究報告認為放牧雞蛋蛋黃內的omega-3脂肪酸比籠飼雞蛋多三倍，維他命E含量多兩倍，維他命A也多了40%。

　　還有一些資料來源指出放牧蛋不會殘留抗生素或重金屬砷，而工廠養殖雞的飼料中卻時常加入砷作為預防感染及刺激生長的添加物；但也有一些文獻指出兩者殘留物並無差別。

　　假設動物吃什麼東西進去，就生什麼東西出來，養在牧場受到精心照料的放牧雞或以圈養方式餵予有機穀類的圈養雞會生出健康營養的蛋也就很合理了。所以若你不知道雞蛋的來源，請特別注意雞蛋標示上的意義。但無論哪種飼養法都無需太過擔心，只要你自己吃得健康，就算最便宜的蛋也是營養美味。

　　雞蛋除了用買的還有一種了不起的替代方式：自己養雞，現在很多人都這樣做。因為這股趨勢太夯，就連家飾用品店Williams-Sonoma都在目錄上替後院雞籠打廣告，如果你喜歡這種事，養雞也是不錯的選項。我朋友有雞蛋不耐症，只要吃到蛋就會讓她非常不舒服，但她很喜歡蛋，於是就開始養各種不同品種的雞，終於讓她找到了「橫斑蘆花雞」（Barred Rocks），這種雞生的蛋不會讓她不舒服。

　　如果你想自己養雞，以下提供一些線上資源：

◆ backyardchickens.com　　◆ beginningfarmers.org
◆ hobbyfarms.com　　◆ mypetchicken.com

再說，如果你很幸運，鄰居就有養雞，可以提供你真正新鮮的雞蛋，你會發現它們就是大小不一的，除非你鄰居的後院住了政府檢查人員進行篩檢。對於蛋的問題，請秤重決定，不然就依常識判定。

如果你希望完全精準，還真需要把雞蛋秤秤重量，很多專業廚房和麵包店都是這麼做的。但對於大多數菜色而言，這動作既不實際也不需要。所以對待鹽、奶油、蛋這些最基本的材料都一樣，重點不在要買哪一種？而是固定要買同一種。

然後保持專注。

至於健康和安全等議題，請見p.264。

本書食譜

我的食譜和所有食譜一樣，只是大略說明，需要在操作時不斷注意和調整。就像廚房位於乾燥的鳳凰城，還是在潮濕的北卡羅萊納，或是高於海平面一英哩的「天空之城」丹佛，在這三地做菜，食材反應都有差異。而書中食譜都經過測試，無論你身在何地或用哪種廚具都可適用。尤其，書中料理都非常簡單，允許很多彈性。

至於食譜上的相關細節，除非另有說明，不然皆如以下說明：

＊所有雞蛋都是大號的蛋。
＊所有麵粉都是未漂白的中筋麵粉。
＊所有鹽都是粗鹽。
＊所有奶油都是加鹽奶油。若你偏好無鹽奶油，只要做菜時注意味道也可使用。

下廚做菜要做得成功，做得滿意，不需要一大堆工具，但需要**好用的**工具。你需要兩隻不銹鋼煎炒鍋，一大一小，品質要好；還有一個大湯鍋和一隻中型的醬汁鍋。有時候不沾鍋也很有用，但通常用處不大。另外要一支扁平木勺和厚重的大塊砧板。很多人的砧板只有一張紙大小，切肉切菜的空間就是如此，這樣只是給自己找麻煩，請給自己足夠的空間。

但家中廚房最大的問題是缺乏鋒利的菜刀，而且是兩把，一大一小，一定要利。如果刀架上掛著45把不同尺寸的刀卻一把也不利，那就都沒用。請在住家附近找一家不錯的磨刀店（不是出租除草機心刀片的那種五金工具店，而是最好有濕式磨刀服務的那種磨刀店）。不然就要買一塊好用的磨刀石，我發誓DMT廚具公司的鑽石磨刀石絕對好用，也請學習用磨刀棒維持刀鋒的方法。

之後，做菜最重要的是練習。以我的意見，要替親友做一頓美味健康的大餐，只有練習才有最好結果。

不同種類的蛋

這本書只討論雞蛋。雞蛋是農產品，經過包裝，銷售數量以億計，是全世界廚房都在用的食物。這些都是因為蛋雞在禽鳥中最容易飼養，價格最便宜，有利於蛋的生產。至於鵝蛋、鴨蛋、火雞蛋，若我們在店裡挑上數十個，是否它們也與雞蛋不相上下？湊巧的是雞蛋的大小也正合我們吃，兩個蛋做一餐，一個蛋可當成食物裡的部分材料，如放在石鍋拌飯上的那顆蛋，或是義大利麵團裡的必要成分。

如果鴕鳥蛋也到處都有得賣，我們買蛋的方式也許會變得不一樣。鵪鶉蛋也很受歡迎，產量也大，但size太小，用來做烘焙、卡士達或其他東西，只要無法切合鵪鶉蛋的特定大小，做起來都不實用。記得我還在廚藝學校進修時，只要我們表現得好，就可以得到一份鵪鶉蛋魚子醬小披薩搭配香檳作為獎賞。這點子是從名廚傑瑞米·陶爾[8]那兒借來的，小顆鵪鶉蛋正好安在每一片小披薩上，剛好就是餐前小點的尺寸。湯瑪斯·凱勒將水煮鵪鶉蛋切成一口大小，放在豪華湯匙上，醬汁用得是奶油，最後加上色彩繽紛的裝飾。而我提供鵪鶉蛋當成前菜的另一種做法（請見p.64），這完全是愛現，但如果你喜歡做菜請客，這是很好玩的料理。

因為我們家附近有農場在養鴨，我們有時候也拿得到鴨蛋，如果你也拿得到，請好好利用它們，它們的蛋黃可是又大又濃（請見p.84的「油封鴨上的水波蛋」）。

我們家附近的有機農產超市Whole Food以前還會賣鴨蛋和火雞蛋。火雞蛋非常大，只要我有買，多半會把蛋打散做歐姆蛋。如果拿這樣大的蛋來做荷包蛋或水波蛋，感覺很怪！但就加熱反應或味蕾的感受，火雞蛋倒是和雞蛋沒什麼差別。我們國家很少把火雞養到可以生蛋的年齡，除非牠們是特別養來增加數量的種雞。

當然魚也會生蛋，魚蛋雖然吃來也很棒，但它們和某些爬蟲類的蛋（世上的某些地區也會食用）並不在本書內容中。這本書是個獻禮，專門寫給偉大而無處不在的雞蛋。

譯註8：傑瑞米·陶爾（Jeremiah Tower，1942-），哈佛建築系碩士轉行的知名大廚，在名店Chez Panisse從學徒做到主廚，後開加州最知名的時尚餐廳Stars，是豪華加州風美食的代表。

雞蛋標示的意義 ●●●●●●●●●●●●●●●●●●●●●●●●●

你會在蛋盒上看到各種認證標章，其中「有機標章」主要由「美國農業部」（USDA）設計監管與認證，其他印在雞蛋上的標示及母雞飼養系統標章都不歸農業部管，另外市售雞蛋也會註明生產時間，其他在食物賣場蛋架上能看到的各種標章，下面是它們的定義：

◆ 無籠飼養（Cage-free）

母雞能在雞舍或開放空間築巢且自由遊走，這樣的飼養法稱為「無籠飼養」（譯註：台灣稱「平飼」或「舍飼」），飼養空間多半在穀倉或雞舍。對於雞農而言，無籠飼養較為勞力密集也需要更多土地，所以這樣的蛋要價較高。無籠飼養蛋也須受管制，但美國農業部對規制定義卻很模糊，限制層面多在雞隻不得使用的飼養方式（也就是雞隻不得以籠子圈養。）

◆ 自由放牧（Free-range）

標示「自由放牧」的雞蛋需產自可在戶外自由活動的母雞。這些雞隻可得到無籠飼養雞隻的相同好處，但「戶外」的定義只在沒有屋頂，飼養雞隻的環境可能在草地上、泥地裡或僅是幾平方英呎大小的水泥地，也不一定健康。

◆ 放養（Pasture-raised）

這又是一個不受約制的詞彙，但它的確意謂母雞可在戶外草地上生活，也能吃蟲子和植物當部分食物。標示「放養」的蛋多半可以在農夫市集中看到。

◆ 有機（Organic）

「有機蛋」需經美國農業部的分類及認證，但規則細項卻各州不同，其中生產方式受制於美國農業部的「國家有機計畫指南」（National Organic Program Guidelines），照規執行後才能在蛋盒上標誌「有機」上市。生產有機蛋的母雞必須是自由放牧的，可自由進出雞舍與戶外（但待在戶外的時間沒有規定），飼料必須是「有機飼料」（意思是飼料不能含有殺蟲劑、肥料，添加抗生素或沾染除草劑），如果母雞不能由放牧區取得食物，雞農必須提供發芽穀類或新鮮植物作為每天基礎食物。如此，有機蛋農才可將美國農業部的認證標章貼在紙盒上，表示這些蛋是有機認證的蛋。

◆ 添加 ω-3（Omega-3 Eggs）

餵養母雞的飼料中若含有藻類、魚油、亞麻籽等富含omega-3脂肪酸的配料，這些母雞生產的雞蛋就可標示「添加omega-3」。根據某些資料表示，在調整母雞的食物配方後，雞蛋中omega-3 的含量可從每顆30毫克增加至100到600毫克，但美國農業部並沒證實這項說法，但農場若宣稱具有此項資格，可申請審核。

◆ 全素飼料餵養（Vegetarian）

此標示說明母雞飼料中沒有添加動物成分。

◆ 自然食品（Natural Eggs）

這個標示完全與雞隻飼養方式無關，只意謂著雞蛋沒有添加調味，不經醃製，也沒有被染色。美國農業部對此標章並無認證。

◆ 無添加賀爾蒙及抗生素（No Hormones /No Antibiotics）

此標示表示雞農沒有在雞隻上施打或在飼料中添加任何賀爾蒙或抗生素（使用賀爾蒙是違法的），但美國農業部並沒有對此標章認證，如農場宣稱具有此項資格，可提出要求進行審核公證。

◆ 美國人道認證（American Humane Certified）

「美國人道協會」（American Humane Association）認為培育雞隻生蛋的農場有依照協會標準人道對待動物，就會以這張標示證明。條件是母雞飼養在無籠環境或穀倉，可自行築巢或在室內自由活動，不會施加賀爾蒙和抗生素，鳥喙也不會剪掉。

◆ 符合動物福利（Animal Welfare Approved ）

這個標章主要是養雞的家庭式農場在用，標章說明這些雞蛋來自經由「動物福利組織」認可的農場。這個組織的主要工作在農場認證，只要是以最高標準謀求動物福利與環保意識的農場，它們的食物就能獲得認證。當母雞可在雞舍與室外活動，餵予植物飼料，沒有施用抗生素，也不會剪掉鳥喙，它們生產的雞蛋就可有此標章。

Part
One

{ 蛋｜全蛋
帶殼烹煮

煮蛋最簡單的方法就是帶殼煮，簡單到無論在怎樣的廚房或用怎樣的器具做法都一樣，只要把大小差不多的蛋放在水裡煮（只是在高海拔地區可能要煮久一些）。有些主廚建議先把蛋從冰箱裡拿出來一到兩小時後再煮，認為這樣可以減低裂殼的可能性（據說用針刺蛋殼也可達到同樣效果）。但根據我自己的測試不覺得有什麼差別，無論是先退冰或用針刺雖不會傷到蛋，但也不會對白煮蛋有任何影響，我不覺得有什麼用。

你也可以把蛋連殼放入烤箱烤，以350℉／180℃的溫度烤20分鐘，就能烤成和水煮蛋一樣的烤蛋。但烤箱畢竟不同於水，熱度和密度都不像熱水均勻，所以還是一樣，用烤箱烤帶殼蛋有點多餘。

蛋也可以埋在火堆裡悶，很多古老食譜都是這樣做的，但火堆溫度不夠恆定，受熱不夠均勻，結果不是把蛋悶得太熟就是味道不好，除非你是為了好奇嘗鮮，我並不建議這樣做。

如果想做些好玩的，把水煮蛋剝殼後泡在甜菜汁裡，要醃或不醃都好。或把蛋殼輕輕敲裂，泡在茶裡，就會出現龜裂的花紋。再次重申，對那些覺得食物好好玩的人來說，這些事沒什麼不好（事實上我還鼓勵大家去做某些事），但那些都不是我關心所在，我想提出的是帶殼烹煮的實際問題。即使只用水煮，只要方法不同，就能把蛋煮成各色各樣卻一樣好吃，甚至產生戲劇效果。

完熟白煮蛋

完熟白煮蛋

　　白煮蛋是所有蛋料理中最簡單的一道。我最喜歡趁熱吃，但放涼吃我也愛，加個鹽，來點胡椒，再放一點起司就很好了。它是一天早晨的美好開始，是沒時間吃午餐時的速戰速決，是令人滿心歡喜的開胃小點。我愛魔鬼蛋，它是白煮蛋變形款中最沒有被好好利用的（請見p.262）。我也喜歡蛋沙拉這個老菜色。還有俗稱mimosa的「含羞草擺盤法」，就是把白煮蛋切得細細碎碎地擺在盤上做為最後裝飾，這是跟著黃色含羞草而來的命名。白煮蛋更是經典油醋醬sauce gribiche（酸瓜蛋黃醬）的重要食材。完熟白煮蛋是如此簡單多變，但也因為太簡單了容易被人忽視。請千萬別這樣，白煮蛋很珍貴。

如何做出完美的完熟白煮蛋

　　正因為白煮蛋是最簡單最家常的菜色，一不小心就容易煮過熟，把蛋白煮成橡皮筋，蛋黃煮成灰灰綠綠還帶硫磺味；或者煮不熟，把蛋黃煮得半生半熟。換句話說，只要煮得恰恰好，切開就看見美麗蛋黃均勻又柔嫩地配著光滑的蛋白，就會很令人開心啊。

　　白煮蛋的煮法不只一種，最簡單可靠的方法就是用水了，利用水均勻稠密的質地，溫和加熱，之後再利用水的強大能量把熱吸走（冰水浴）。事實上，煮白煮蛋最重要的步驟就是迅速冷卻。萬無一失的方法是：冷蛋放在鍋裡平鋪一層，倒水淹過雞蛋2.5公分，然後把鍋子放在爐上用大火煮，水大滾後（溫度至少要達到209°F／98°C），蓋鍋蓋，離火，就

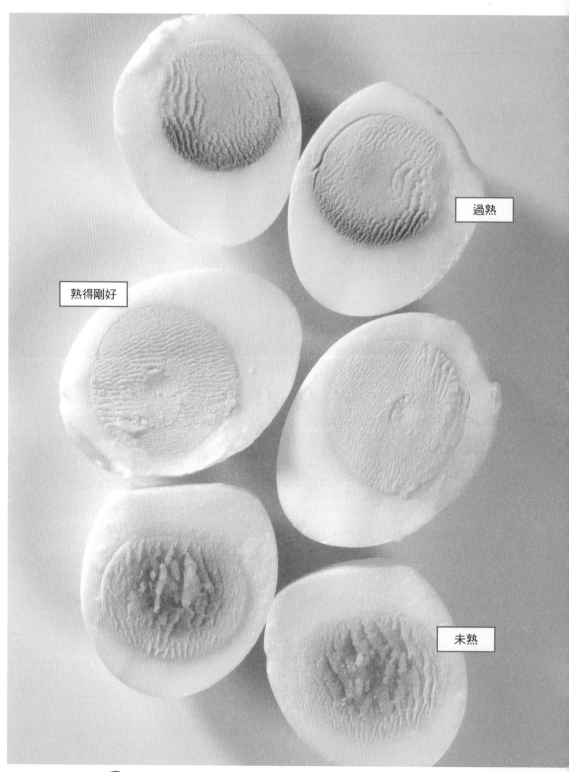

過熟

熟得剛好

未熟

讓它放著等15分鐘。再把蛋放入半水半冰的冰水中冰鎮，至少泡10分鐘，泡久一點更好，不時攪動冰水，讓冷水循環，直到雞蛋完全冷卻。

最後蛋黃會出現均勻的黃色，這就表示蛋煮得剛剛好。如果你煮太熟或來不及從裡到外迅速降溫，在蛋黃表面就會形成硫化亞鐵，蛋黃顏色因此呈現又灰又綠，也有硫磺臭味，放在口裡也有怪味。但若沒煮熟，也許樣子不好看，但吃起來卻仍舊好吃。煮好的蛋可立刻剝殼吃了，或連殼放入保鮮盒，放在冰箱最長可保存兩星期。

用壓力鍋煮白煮蛋

我有一個壓力鍋但很少用，2012年有人在我的Twitter（@ruhlman）上留言問我如何用壓力鍋煮白煮蛋，我回答我沒有這樣的經驗，但希望有這樣經驗的人可以回覆。一位旅居義大利的美國人蘿拉‧帕札里亞（@hippressurecook）回答了，她說，用壓力鍋煮白煮蛋是個超級好方法。我查了她的背景資料，知道她在寫一個叫hippressurecooking.com的部落格。我很想知道怎麼煮的，所以希望她在我的網站上po一篇文章介紹如何用壓力鍋煮蛋，她照做了。

看過蘿拉的訪客發文，也諮詢過其他對象，我走進廚房，準備兩打雞蛋、一個壓力鍋、一個碼表，著手進行自己的全套高科技實驗。

她說的完全正確，用壓力鍋煮白煮蛋是絕妙好方法，主要在於用壓力鍋煮出的蛋可輕易剝除蛋殼，就連新鮮的蛋也是如此。蛋若新鮮，蛋殼和蛋白膜之間的空氣太少，蛋殼容易黏在煮熟的蛋白上，剝的時候常常連蛋白一起剝下。但如果用壓力鍋煮蛋，蛋白和蛋殼間就會有一道水氣隔閡，蛋就很容易與蛋殼分開。這個方法非常

好用，特別當你要煮很多雞蛋，或需要雞蛋表面完整光滑，或說，當你不需把蛋切碎做蛋沙拉或作裝飾時，壓力鍋煮蛋就是好方法。

與其說用壓力鍋煮蛋，倒不如說是用蒸的，鍋裡只需放一點點水，還需要一個蒸架或三腳架好把雞蛋架起來。

❶ 在鍋裡架好蒸架或三腳架，雞蛋放在上面。加入1杯／240毫升的水，鎖好鍋蓋，壓力開關設定在低壓（若設在高壓，蛋會劇烈震盪破得亂七八糟）。

❷ 壓力鍋以高溫加熱。等壓力開關跳起來時，形成的水蒸氣會把洩壓閥彈開發出哨聲，只要叫到最高點，就把火轉小，轉到中低溫，把碼表設定7分鐘。

❸ 用大碗裝上一半冰塊一半水。

❹ 7分鐘一過，就把鍋子拿開離火，在旁放涼到壓力開關掉下來，那時才能開鍋。如果5分鐘過去，壓力開關還沒有掉下來，請用冷水澆鍋，澆到壓力開關掉下來為止。

❺ 把蛋拿出來，放在冰水浴中冰鎮，一分鐘後開始不時攪拌冰水數次，至少要泡10分鐘。

❻ 冰鎮後你可立刻剝掉蛋殼，也可以不剝殼直接放入保鮮盒冰進冰箱，這樣最長可保存兩星期。

依據不同鍋子及爐子，時間設定可能會有一分鐘的差距，所以要注意煮時的狀況再加以調整。有關壓力鍋煮蛋可煮出的不同熟度，請見p.43-44。

三種蛋沙拉

蛋沙拉是方便簡單又好吃的蛋料理，雖然名字令人困惑。為什麼叫做**沙拉**？難道碎蛋粒拌美乃滋沒有更好的名字？如果你喜歡，可以把它放在生菜上，但一定要脆口的生菜，像是結球萵苣或蘿蔓這類既像盛器又像配菜的生菜。因為在所有菜色中蛋沙拉是最軟的一種，一定要和爽脆的東西搭配，像吐司、餅乾、芹菜、香脆的培根。可試試看龍蒿香蔥拌蛋沙拉再用生菜包起來的做法，或試試咖哩蛋沙拉配印度薄餅的吃法。

做蛋沙拉的經驗法則：
* 一人份需兩顆蛋
* 一顆蛋要配一湯匙美乃滋
* 聰明調味（加入喜歡的香草、香料或洋蔥）
* 配菜要爽脆

我的工具是木碗和搖刀，這種刀的握手處是木頭做的，下面安著弧形的刀片，但用一般刀子和砧板也是可以的。

如果你想要更柔滑一致的口感，甚至可用食物調理機打。如果自己做美乃滋，蛋沙拉的滋味會特別好（請看p.37的檸檬紅蔥蛋沙拉，這道菜對我可說是天堂。）如果自己做美乃滋，可先把風味強烈的香料加入油裡，就像p.39的咖哩蛋沙拉，裡面就帶有大蒜生薑的香味。但這些並不重要，最神奇的是新鮮白煮蛋本身，有時候我甚至不想這麼麻煩動手做美乃滋（我為了做煎蛋三明治〔見p.60〕，手邊總是備有一些Hellmann's的美乃滋），這時我就會放各種香氣很重的香草，特別是龍蒿（我最喜歡搭配雞蛋的香草）和洋蔥。

我喜歡用吐司麵包夾蛋沙拉做成三明治，蛋沙拉也可放在餅乾、小吐司上做成很棒、很優雅的小點心，這是可預先做好的餐前小點。在原味圓餅乾上放一茶匙蛋沙拉，最後再用一支山蘿蔔葉和龍蒿葉做裝飾，就算客人很多，也是有面子又實惠的點心。

蛋沙拉 *Egg Salad*

1 要把白煮蛋切得乾淨俐落，最好的工具就是用木碗和叫做mezzaluna的弧形彎刀。

2 蛋黃很容易散掉，所以主要是切碎蛋白。

3 蛋切成你要的樣式。我喜歡蛋白顆粒大些的，但照片裡的蛋白還可以再切一下，切得更均勻。

4　拌入美乃滋和調味食材。這裡加的是蝦夷蔥、龍蒿和切碎的紅蔥頭。

5　持續一面切一面拌，趁沒有完成前給蛋撒一大把鹽，磨幾搓新鮮胡椒。

6　蛋沙拉可以吃了。夾在吐司裡就是三明治，放在吐司切片上就是開胃小點心，
　　或者直接這樣吃。

RECIPE NO.2

··· Egg Salad with Tarragon and Chives ···

RECIPE NO.2

••• 龍蒿香蔥蛋沙拉 •••

三明治4人份／開胃小點12人份

龍蒿是我最喜歡的香草，味道豐厚而柔和，濃烈卻不脫細緻，和蛋搭配最完美。我也喜歡蛋裡帶有一些香蔥的蔥香。當香草在花園中盛開時，這就是我的夏日午餐。

材料

- 3湯匙紅洋蔥末
- 鹽
- 8顆完熟水煮蛋，剝殼後切粗粒
- 新鮮現磨黑胡椒
- 1/2杯／120毫升Hellmann's美乃滋（或用自己做的美乃滋更好，做法請見p.211）
- 2湯匙龍蒿末
- 2湯匙香蔥末

做法

1　紅洋蔥用小碗裝好，隨意撒些鹽，再加水蓋過洋蔥，浸泡5到10分鐘。

2　切好的蛋放在中碗裡，撒3到4撮鹽，現磨一些黑胡椒撒上，加入美乃滋。將洋蔥從水中濾出，加上其他辛香料也一起放進去，用橡皮刮刀把所有食材拌勻。

RECIPE NO.3

••• 檸檬紅蔥蛋沙拉 •••

三明治4人份／開胃小點12人份

這道料理如果用自做的美乃滋來拌效果特別濃郁好吃。為了把美乃滋快點打好，我用手持攪拌棒代勞，這樣可省些力氣，但你放在碗裡用打蛋器打一樣打得成。如果美乃滋變得太厚，可加幾滴水稀釋。

材料

- 8顆完熟水煮蛋，剝殼後切粗粒
- 鹽和現磨黑胡椒
- 2支芹菜，切成小丁
- 1/2杯／120毫升檸檬紅蔥美乃滋（見p.212）

做法

1　切好的蛋用中碗裝好，加3到4撮鹽，隨意磨一些黑胡椒撒上。加入芹菜和美乃滋，用橡皮刮刀把所有食材均勻混合。

··· Curried Egg Salad ···

···咖哩蛋沙拉···

是的，你也可以有別於傳統做法，在市售或手工美乃滋裡放2茶匙咖哩粉代替，這樣也很好，甚或放進自製的美乃滋裡，特別是自己做大蒜生薑咖哩油時，它的味道一層一層以十倍速增加。不管是哪種狀況，如果你記不得櫃子裡是否還有現成的咖哩粉，請記得買一罐回家。咖哩美乃滋也可以用來做很棒的魔鬼蛋（見p.262）。我喜歡把這道料理搭配酥脆的印度烤餅，請事先把烤餅用勺子壓進熱油中就會凹成一個碗，剛好放沙拉。

咖哩美乃滋的材料

· 3/4杯／180毫升植物油

· 1顆大蒜，切細末

· 1塊生薑（約1公分長），去皮後切細末

· 1湯匙咖哩粉（品質要好）

· 1/2茶匙薑黃粉（自由選用）

· 卡宴辣椒粉少許

· 2茶匙新鮮萊姆汁（分量隨意）

· 1茶匙水

· 1/2茶匙鹽

· 1顆蛋黃

蛋沙拉的材料

· 1/4杯／25克紅洋蔥末

· 鹽

· 8顆完熟水煮蛋，剝殼後切粗粒

· 2支芹菜，切成小丁

做法

1　第一步先做美乃滋。在小醬汁鍋內放入油、蒜末、薑末以高溫爆香。當大蒜熱得有些跳動時，將火開到中溫，持續加熱，要爆到聞到蒜香，至少該脫去生蒜氣味。鍋子離火後加入咖哩粉、薑黃粉（如果使用）和卡宴辣椒粉，攪拌後放入玻璃量杯中放涼備用。

2　等油冷了。把萊姆汁、水和鹽放在另個容器，等一下要用來打美乃滋，所以要讓鹽先融化，鹽化了就拌入蛋黃。當油冷到可以用手碰時，視需要量把油乳化進蛋液中（美乃滋的做法請看p.209-211）。做好後，美乃滋先放旁備用。（美乃滋可事先準備，裝入保鮮盒放到冰箱冷藏，8小時內拌入沙拉即可。）

3　現在準備開始做蛋沙拉。在小碗中放入紅洋蔥，隨意撒一些鹽，加水蓋過洋蔥浸泡5到10分鐘。

4　蛋粒放入中碗，撒3到4撮鹽，加入瀝乾水分的洋蔥末、芹菜丁和1/2杯／120毫升的咖哩美乃滋，用橡皮刮刀將所有食材拌勻。

••• 培根起司佐奶黃蛋 •••

我20歲的時候去阿姆斯特丹旅行，身上沒什麼錢，一個人在老舊城區迷了路，又找不到房間住。我想盡辦法回到靠火車站附近的旅遊服務處，他們指點我去一家便宜的B&B住宿。當時天色已暗，我搭上正確的電車，找到B&B，心頭如釋重負，因為有了安全乾燥的地方棲身。隔天我在狹小但乾淨的房間醒來，陽光滿溢，下樓吃早餐，廚檯上放著熱烘烘的白煮蛋和乳酪。那是個涼爽清朗的日子。早餐溫熱的水煮蛋帶來超乎尋常的安慰滿足，尤其又搭配濃郁美味的乳酪。我大半輩子吃的白煮蛋都是從冰箱拿出來的冷蛋，且都是在一定要做蛋的少數特定時日。所以只要想到溫熱的白煮蛋和乳酪，我就想到好久以前的那次旅行，那是出人意料的安全感，是友善異地裡一個清亮的日子，是看似平淡，卻從平淡發現新意的地方。

我喜歡白煮蛋的蛋黃在正中央，且一定得要：顏色深、帶黃膏，配菜是火腿片包著大塊起司，就用手拿著吃，這是可以支撐全天的早餐。

材料

· 1顆蛋
· 1條法國小長棍麵包，橫切一半，再切成適合大小，做為吐司
· 奶油無限量
· 1塊切達乳酪（約55克）
· 1塊鄉村火腿（約55克）

做法

1 雞蛋先入鍋，加水淹過雞蛋數公分，以大火煮滾後，離火蓋上鍋蓋悶7到9分鐘。

2 同時間，你可以烤麵包塗奶油（其他乾性食材也要塗，請別吝嗇！），然後將乳酪和火腿放在盤上。

3 把蛋從水中拿出來瀝乾，依你喜歡的方式切成一半或撥掉上層蛋殼。雖然用蛋杯或蛋湯匙吃很方便，但並不是絕對需要。請將白煮蛋搭配烤麵包、乳酪、火腿一起吃。

半熟白煮蛋

煮帶殼水煮蛋的時候，我們總希望蛋白是熟的，至少也要熟到不透明，但對於蛋黃，我們卻不一定希望它熟透，若你能熟練地做出各種不同熟度的白煮蛋那真是太好了。有各種半熟白煮蛋，從蛋黃根本是液態而蛋白才剛要固定的「嫩心蛋」算起，還有稱做Mollet的「溏心蛋」，特色在於它的蛋白和蛋黃不管固定與否，蛋黃一定可以流動；還有一種是「奶黃蛋」，是還沒煮到完熟地步的蛋，它的蛋黃軟嫩呈膏狀，中心比周圍顏色更澄橘。

蛋若煮得嫩，嫩到連蛋白都可以動，這種蛋就只能不剝殼。此時蛋杯是理想盛器，但你也可以把蛋放在舖了鹽巴的烤盅裡。當然，嫩心蛋常會搭配吐司當成早餐，但任何時間享用都是美味。如果你基於某種特殊原因正好不能吃固體食物，嫩心蛋是又棒又容易取得的營養補充品。法裔米其林星級大廚米樹・胡（Michel Roux）甚至在他可愛的書《蛋》（*Eggs*）裡建議，應該把嫩心蛋當成高雅的點心。邀請賓客在桌前把焦糖醬舀進晃動的蛋黃膏中，再用布里歐許麵包棒沾著蛋黃醬品嘗香甜的美味。

溏心蛋可放在菜餚上當成最後裝飾，至於是什麼菜，基本上所有菜色都可以搭配，但放在沙拉或溫熱及常溫的蔬菜上，味道會特別好。

你會注意到蛋黃在「完熟」與各種「非流動」狀態間風味與質地的不同，請多實驗找到你最喜歡的組合。

在煮不同熟度的蛋時，為了達到每次做每次效果質地皆相同的狀態，我們必須回歸「水」這個奇蹟般的工具。水似乎內建溫度計，有合宜密度，就如有效的熱度發送器。

有些廚師建議煮蛋時，應該把雞蛋先放到室溫，以降低蛋在烹煮過程中破裂的機會，所以煮蛋前可先將雞蛋從冰箱拿出放一到兩小時不等，而我卻不認為一定要這麼做。第一，這做法不實際，我很少記得要先把雞蛋拿出來放，甚至不知道等一下會煮蛋。第二，我並不覺得冰蛋、熱蛋煮起來有什麼差別，經過我一步一步的實驗記錄，它們煮起來的結果是一樣的。

如何煮出完美的半熟白煮蛋

冷蛋放入鍋內，舖成一層，倒水淹過雞蛋2.5公分，然後把鍋子放在爐上用大火煮。大滾後（溫度至少要達到209℉／98℃），蓋鍋蓋，離火，根據以下指示做成你要的熟度。

◆ 嫩心蛋

如果你希望蛋白仍是不固定的狀態，蛋放在熱水中悶90秒後就要拿出來，這是最嫩的嫩心蛋。如果你希望蛋白固定，蛋黃像熔漿一樣，蛋要悶3分鐘。而90秒到3分鐘之間的蛋都算是好吃的嫩心蛋，只要把雞蛋上端的蛋殼切掉，立刻就可享用。

◆ 溏心蛋

蛋在水中悶5到7分鐘後再拿出來就是溏心蛋了。蛋悶了5分鐘後，蛋黃開始固定，此時的凝固範圍約是蛋黃周圍6公釐，而中心維持融化狀態。到了7分鐘時，中心開始變硬，不再像是液體，但仍維持橙色及奶膏狀。此時可立刻享用，或放在冰水浴中冰鎮，10分鐘後收在保鮮盒裡放入冰箱冷藏，可保存2天。

◆ 奶黃蛋

蛋在熱水中悶9分鐘後才拿起，此時蛋白已固定，蛋黃不會流動，但中心仍然是深澄色黏滑的奶黃。此時可立刻享用，不然就用冰水浴冰鎮10分鐘後放入保鮮盒，放在冰箱中最長可保存2天。

用壓力鍋做不同熟度的半熟白煮蛋

如果你想吃去了殼的半熟白煮蛋，用壓力鍋是理想的方法。因為這樣煮出來的蛋很容易剝去蛋殼。狀況就如p.25介紹的用「壓力鍋煮完熟白煮蛋」，鍋裡要放一點水，還需準備蒸架或三腳架把蛋架在水上。

① 在鍋裡架好蒸架或三腳架把雞蛋放在上面，加入1杯／240毫升的水，鎖好鍋蓋，壓力開關設定在低壓（若設在高壓，雞蛋會劇烈震破）。

② 壓力鍋以高溫加熱，等壓力開關跳起來時，形成的水蒸氣會把洩壓閥彈開發出哨聲。只要叫到最高點，就把火轉小，轉到中低溫，根據下個步驟設定碼表。

③ 要煮極嫩的嫩心蛋，煮3分鐘就好。要煮蛋白固定、蛋黃如液體的溏心蛋，請煮4分鐘。如果你希望送上的蛋是完整一顆而蛋黃會流出來，就像朝鮮薊那道菜的效果（見下方），這方法可以讓蛋在剝殼時不會破。如果要煮奶黃蛋，請煮5分鐘。

④ 時間一到，鍋子放在水龍頭下用冷水沖，大概沖幾秒壓力開關就會掉下來，放掉蒸氣，開蓋子，做好的蛋看你要怎麼吃，可以現吃或用半水半冰的冰水浴冰鎮10分鐘。半熟白煮蛋可以放入保鮮盒放冰箱儲藏兩天。

RECIPE NO.6
··· 朝鮮薊與溏心蛋，搭配檸檬美乃滋 ··· 4人份

這道菜使用經典醬汁，以厚重的檸檬美乃滋搭配朝鮮薊與溏心蛋，用奶油酥炸麵包粉取得酥脆口感和顏色。這絕對是一道「約會必勝」菜且保證80%會贏得芳心。就算不是，這也是一道好吃又好玩的料理，要用的4種食材都可事前準備好（雖然做美乃滋的時間只能提早數小時，但如果需要，朝鮮薊和溏心蛋可以在兩天前先做好）。我也喜歡這道菜裡用的溏心蛋，當你一刀劃下看到蛋黃湧出，總是無限悸動，所以從嫩心蛋到溏心蛋在這裡都適用。它還可搭配美味麵包或非常脆的薯條一起吃。這道菜我喜歡吃溫熱的，但你喜歡的話，也可以當成冷盤或室溫下的涼菜。

材料

· 4顆朝鮮薊
· 1顆大洋蔥，切細絲
· 鹽
· 4顆蛋
· 1到2湯匙新鮮檸檬汁
· 1杯／240毫升檸檬紅蔥美乃滋（請見p.212）
· 卡宴辣椒粉少許
· 1/4杯／10克蝦夷蔥末
· 1/4杯／20克日式麵包粉，先用2湯匙奶油炒香（自由選用）

做法

1　烹調朝鮮薊有很多方法，哪種都可以。下面提供最簡單、也能在一兩天前先做好的方法：用鋸齒刀把朝鮮薊的上半部切掉（這樣在煮之後，葉子較容易去掉），底部的莖也切掉變成平的。朝鮮薊立在鍋中，洋蔥絲撒在中間，加足量的水，水的高度要到朝鮮薊的一半。用大火將水煮到小滾後立刻轉到中小火，蓋鍋蓋，細火慢燉45分鐘到1小時，煮到朝鮮薊變軟，就可拿到盤子上放涼。等到溫度降到可以用手拿的時候，把葉子和皮梗都去掉，剩下中間的芯。可放旁保溫備用，或用保鮮膜包起來放在冰箱，保存時間最長可達兩天。

2　半熟白煮蛋煮到你喜歡的熟度，建議用壓力鍋煮4分鐘，這樣的蛋容易剝殼，用傳統水滾後蓋鍋蓋悶的方式也可以，悶的時間總共需要3分鐘。如果你沒有立刻想把菜做好，請把蛋放在冰水浴中10分鐘，然後放入保鮮盒送去冰箱冷藏，最長可放2天。

3　一面煮蛋的時候，一面可以擺盤。美乃滋加入1湯匙檸檬汁試試味道，酸度要夠才能與蛋搭配，如果喜歡還可多加1匙。舀1匙檸檬美乃滋放在盤子中間，朝鮮薊放在美乃滋上（如果朝鮮薊剛從冰箱拿出來，可以用微波爐熱30秒），再舀2湯匙美乃滋放在薊心上，它的功用就像杯子一樣。

4　等蛋煮好，小心剝去殼。每個朝鮮薊內都放入一個（如果蛋是之前做好的，先把它們放在微燙的熱水中先燙60到90秒），最後撒上卡宴辣椒粉和蔥末，如果喜歡再撒上香酥的麵包粉。

變化版

克里夫蘭大廚帕克‧伯斯利（Parker Bosley）在1990年代曾端出一道「菠菜溏心蛋」。在眾多鼓勵過我的人當中，帕克以獨有的方式激勵我自學料理與廚藝，因此我沒有繼續蹉跎打混。他的菠菜溏心蛋明明看似一顆完熟白煮蛋，切下時，亮黃色的黃膏卻一股腦地湧在菠菜的暗綠上，這是我的初次震撼。其實從完熟白煮蛋到水波蛋，任何蛋都適合放在菠菜上，但我愛上菠菜溏心蛋帶來的驚喜。後來我又去帕克的餐廳，跑到後頭廚房找實際負責煮蛋剝殼的料理主廚，問他都怎麼替這些溏心蛋剝殼的？我在家裡做的時候總是剝得破破爛爛的。他無奈地搖搖頭說：「沒什麼祕密，兄弟，真是痛苦啊！」語氣沉重，彼此心有戚戚，我等不到這該死的菜從菜單上消失了。

這問題有解了，我發現壓力鍋有特異功能有助於分開蛋白與蛋殼（雖然大部分的蛋都很好分開，但總有一些例外，所以我總是多做一些，就算不破，它們也可以放在冰箱好幾天，之後能再回鍋或拿來做菜）。如果你想試做帕克的菠菜溏心蛋，就把原來食譜裡的朝鮮薊和檸檬美乃滋換掉，換成p.76「佛羅倫斯烤蛋」用的菠菜，再把蛋用壓力鍋煮4分鐘，就有好剝殼的溏心蛋。

··· 嫩蛋香蔥豚骨拉麵 ···

放在拉麵裡的蛋多半是完熟白煮蛋，我卻特別喜歡放嫩心蛋，又容易做，每次效果都特別好。

這道菜要用蔬菜絲，請用日式刨刀刨絲（日式刨刀又叫Benriner，這原是生產商的名字），用這種刨刀刨出來的胡蘿蔔絲特別酷。麵裡的豬肉可用任何部位，做法也隨意，放在炭火上烤的肉最棒。而我喜歡用的部位是連到肋骨上的豬肝連（也就是動物的橫膈膜）。你可以先用烤箱或用炭火把肝連烤一下再放入拉麵中，麵裡不但有了蛋白質，香氣更會大爆發。你也可以把整塊豬肉先煮起來，再切片或用炒的。如果你用的是豬肩肉，整塊先放入烤箱烤後再切薄片會比較容易。或者有隔餐吃剩的豬肉，正好就用來做拉麵。

當然，在拉麵裡放什麼肉都可以，有好湯頭以及任何好吃的蔬菜也都可以放，但這道料理要做得好，關鍵在於湯頭要好，麵條也要好。

材料

- 1公升豬高湯（做法請看下頁）或味噌昆布湯（請見p.56）
- 鹽和現磨黑胡椒粉
- 450克生拉麵（或350克乾拉麵）
- 450克做好的豬肝連或無骨豬肩肉，切成1.2公分厚肉片
- 4顆蛋
- 225克嫩葉菠菜
- 2根胡蘿蔔，去皮刨絲
- 4根白蘿蔔，刨絲
- 6支蔥，斜切成細絲

做法

1 高湯放入鍋中以大火煮滾，試試看味道鹹淡，再加入鹽和胡椒調整。放入拉麵煮1分鐘，加入肉片，火開到小火。

2 雞蛋放入小鍋，加水，水的高度需蓋過蛋2.5公分。大火將水煮滾。立刻離火蓋上鍋蓋悶，將碼表設在1分鐘。

3 用水悶蛋時，在4個湯碗裡分別放入菠菜、麵條、豬肉和湯，最後加入紅白蘿蔔絲和蔥絲。蛋悶1分鐘後，一碗一個將嫩心蛋打入碗裡，有時候蛋白會黏在蛋殼上也請挖出來。做好請立刻享用。

••• 豚骨高湯 •••

2公升

有件事對於做高湯很重要，生大骨要先汆燙或先烤過，才能避免熬湯時骨頭裡的蛋白被沖出變成討厭的蛋白渣（如果是熬雞湯，只要在小火煨時撈起浮渣即可）。無論是什麼部位的豬骨頭都帶有很多結締組織和肉，就像豬頸骨和關節部位。若要做出好高湯，我喜歡用豬腳，因為豬腳裡有好多熬湯需要的東西，包括可帶來風味的肉，有可熬出濃度的豬皮和大骨，豬皮含有很多結締組織，可以熬成湯裡的膠質，用這些材料就可熬出質樸有農家風味的豬高湯。

材料

· 4個豬腳或910克帶肉豬骨和豬膝骨

· 2個西班牙洋蔥，隨意切成大塊

· 4根胡蘿蔔，隨意切段

· 4根芹菜

· 5瓣大蒜

· 1/4杯／70克番茄糊

· 2片月桂葉

· 2茶匙黑胡椒粒，用缽杵磨大致磨碎

· 幾根巴西里葉（自由選用）

做法

1　準備一個夠大可放豬腳的鍋子，把豬腳放入鍋中，加水汆燙，水要蓋過豬腳幾公分。但這鍋子也不能太大，太大的鍋子就會放太多水，豬腳和水的比例是2：3，依重量比，2份豬腳要加3份水。準備好後用大火煮，煮到水滾就將豬腳瀝出用冷水沖乾淨。把原來的鍋子擦乾，將大骨放回鍋中，加水蓋過豬腳幾公分。把水煮到微微冒泡後，就可把火關小，不蓋鍋蓋，讓它燉8到10小時。不然還有更好的方法，把鍋子放入烤箱，不蓋鍋蓋，用最低溫度烘一夜。

2　高湯最少要燉8小時，最長可燉12小時，燉好之後加入其他食材，放回爐上以小火慢燉，燉到微滾，就將火關小，轉到小火再燉1小時左右。

3　燉好的湯用細網篩過濾。如果想要更細緻的高湯，可用棉布再過濾一次。

4　燉好的湯是上述拉麵所需份量的兩倍；用不完的可以用保鮮盒裝好放入冰箱，若放冷藏室，最長可保存4天，放冰庫則可保存3個月。

··· 奶油吐司嫩心蛋 ···

2人份

我的祖母做過一次嫩心蛋給我吃,她直接把蛋從蛋殼挖到碗裡,那樣子看起來真噁心,我永遠忘不了。但直接在殼裡吃極嫩的嫩心蛋,卻是說不出的舒服漂亮,和奶油吐司這種簡單的食物搭配一起吃更是享受。吐司如果用賣場買來的三明治麵包其實沒什麼味道,我建議用老麵麵包切片。我喜歡把吐司烤兩次,第一次為了烘乾,然後塗上奶油再烤。要吃時,烤出來的奶油熱得冒泡,香味四溢。吃這道料理你需要準備蛋杯和蛋湯匙。

這是一道週日早安料理,尤其度過一個快樂爛醉的週六夜晚後,沖個澡,刮個鬍子,恢復精神,穿上喜歡的家居服,坐在跟我一樣滿足的老婆對面,兩人讀著《時代》雜誌,假裝世界一切安好。(依據你想在週日時光享受頹廢的程度,可考慮是否要搭配血腥瑪麗一起享用。)

材料

· 2片老麵麵包或品質好的鄉村麵包
· 2顆蛋
· 奶油無限量
· 濃咖啡,最好是新鮮濾泡咖啡
· 2杯血腥瑪麗 (自由選用)

做法

1　烤麵包。

2　同時間,將蛋放入小醬汁鍋,加水,水量需高過蛋5公分,用大火把水煮開。煮開後離火,蓋鍋蓋悶2到3分鐘(我喜歡3分鐘的熟度,但是悶2分鐘才是真正的嫩心蛋)。

3　煮蛋時,把麵包抹上奶油,放入烤箱再烤一遍,烤到奶油冒泡。

4　吻一下愛人的頭,說聲:「愛妳。」

5　蛋從水中撈出放入蛋杯,用切蛋器或刀子將蛋的上層切掉1公分,搭配吐司和熱咖啡一起吃,如果喜歡,還可來杯血腥瑪麗。

蛋／全蛋／帶殼烹煮

溏心蛋

••• 脆皮溏心蛋佐蘆筍 •••

4人份

這道菜用到的蘆筍醬汁是很好的配料，我常用它來搭配生煎扇貝佐蘆筍，用它搭配蛋也很美味。我喜歡這道食譜用的脆皮蛋，只要簡單裹粉油炸就可。溏心蛋最適合這樣做，但如果想用嫩心蛋來做也很好，正好可放在朝鮮薊嫩心蛋那道菜上（見p.44）。另外，這道菜用的蛋和蘆筍都可事先做好。

材料

- 450克蘆筍，切掉下方老粗的莖
- 5顆蛋
- 2湯匙紅蔥頭末
- 2湯匙新鮮檸檬汁
- 1/2杯麵粉
- 1/2杯日式麵包粉
- 植物油，油炸用
- 1/4杯／60克奶油，切成3段
- 鹽
- 檸檬皮碎（自由選用）

做法

1　燙蘆筍的水要用重鹽水，在大鍋中將鹽水煮滾後放入蘆筍煮幾分鐘，要煮到蘆筍變軟（請試吃一根確定熟度）。煮好後將蘆筍撈起來，放入半冰半水的冰水浴中漂到完全涼透後再撈出。

2　切下蘆筍頭，放入小盤用濕紙巾蓋好再包上保鮮膜。而莖的部分切成2.5公分的小段，放入攪拌機打成泥，如有碎片請加入適量的冷水或冰塊沖下打順，打好後將攪拌杯蓋上蓋子放入冰箱，等到要擺盤時再拿出來。

3　留下一顆蛋，其他所有的蛋都煮成溏心蛋（水滾後悶5分鐘，就如p.42，或依照p.43的壓力鍋煮法），再用冰水浴漂涼，小心剝去蛋殼（如果用壓力鍋煮，蛋殼較容易剝去。）

4　同時間，紅蔥頭末和檸檬汁放在小碗裡拌一下，放旁備用。剩下的一顆蛋打入淺碟攪散成蛋液，麵粉放入塑膠袋，日式麵包粉放在碗裡。

5　剝好殼的溏心蛋裹上麵粉，移到蛋液中滾一下讓麵粉都吸收到蛋汁，然後移到日式麵包粉的碗裡滾動，沾好後就放在碗裡，等一下可直接下鍋炸，整個沾粉過程都要很小心。

6　在深鍋中放入7.5公分高的油，以大火加熱。等油熱了，就將蛋放下去炸，約炸2到3分鐘，炸到香酥就可起鍋。不然也可用半煎炸的方式，炸油放到蛋一半高就好，一樣半煎半炸2到3分鐘，炸到金黃香酥後，用漏勺把炸酥的蛋撈到盤子裡。

7　蘆筍醬汁倒在小鍋中以中高溫加熱，當醬汁開始冒出泡泡，就將火轉到中溫並加入奶油，一次加一塊，持續攪拌攪到奶油化掉。用鹽調味後，離火備用。

8　蘆筍頭用微波爐加熱20或30秒。

9　在4個盤中分別加入蘆筍醬汁，撒上紅蔥頭末。蘆筍頭沿著醬汁周邊圍一圈。每盤都擺上一顆蛋，如果喜歡還可以磨一些檸檬皮屑撒上，做好就可享用了。

真空烹調水煮蛋

用真空烹調方式煮蛋

「真空烹調」的原文寫作「Sous Vide」，字面意思是「真空之下」，是指食物以真空密封的狀態放在水裡以低於沸點的精準溫度烹煮。但現在意義擴張了，只要食物以低於沸點的準確溫度烹煮，廣義而言都適用這個術語。

用來維持準確溫度的器具包括可入水的水浴循環器及真空烹調水浴系統，這些器具在餐廳廚房已用了好一陣子，現在更加普遍，連一般家庭廚房也能見到它們的蹤影。

蛋天生就有一層保護殼，正適合入水，用真空烹調煮蛋更是一種有趣的體驗，因為做出的雞蛋質地是用其他方式做不出來的。如果你用144.5℉／62.5℃的溫度把蛋泡35到45分鐘，會做出如半熟水煮蛋一樣完美的嫩心

蛋，拿出來放在熱湯裡燙著，菜就算完成了。此時蛋白大多已經凝固，剩下的剛好處於不透明狀態，整個蛋白軟得抖抖顫顫而蛋黃卻熱呼呼地滑順流動。這樣的蛋放在料理上做裝飾配菜最是完美不過。一次大量做起來，各個都如此完美，真是令人開心。真空烹調的蛋吃來很方便，多半去了殼就能吃，正好可搭配任何湯品、燉物、熱粥或燉豆泥。

就像拉麵就是正好可放嫩心蛋的料理。因為這裡要準備兩份拉麵食譜，我就一份用豬肉的，一份放蔬菜的。推薦兩種嫩心蛋的做法，一種是普通用水煮的嫩心蛋，另外則替有真空烹調設備的人準備一道真空烹調嫩心蛋。兩種蛋最後都要放在湯裡燙著，所以無論用哪種方法做的蛋都可放在這兩道拉麵上。

嫩心蛋與拉麵

拉麵源自日本，在美國卻變成附有噁心「調味」醬包的乾麵包，大家對它的評價都不高。而好拉麵則有鹼（酸的相對化學成分）帶來的特殊風味，也就是產生自碳酸鈉或碳酸鉀、食品級鹼水，甚至小蘇打等鹼性物質的味道。如果你住的城市吃得到新鮮拉麵，一定要找來吃吃看。如果你喜歡在家做義大利麵，也可參考韓裔大廚大衛張（David Chang）在《Momofuku料理書》（*Momofuku Cookbook*）中提供的食譜，或參考芝加哥日裔主廚八木橋隆寫的《八木橋隆的麵料理》（*Takashi Yagihashi's Noodles*），當然你也可以用在每家市場買得到的泡麵來做；它們的麵條還好，但調味醬包實在一無是處。

我提供兩種拉麵做法，一種是用豬肉的，因為豬的每個部位我都喜歡；野菜拉麵就簡單放了洋蔥和味噌，湯底就用不太費工夫的高湯。

這裡真正的明星是最後放在麵上的嫩心蛋。如果你有水浴循環器或真空烹調水浴機，請將蛋用144.5℉／62.5℃的溫度煮45分鐘。如果你沒有這樣的機器，也可煮一大鍋水，煮到150℉／65℃時鍋子離火，將蛋放入水中，蓋鍋蓋，讓蛋在熱水裡泡，就這樣不用管它，持續泡45分鐘。

拉麵是很棒的料理，你喜歡的食材都可以加進去，配菜、調味、香料只要你想要的都可以放（只要不要放包裝袋裡附的恐怖調味醬！）。當然自己做高湯是最好的，因為好高湯是唯一在賣場買不到的東西，而且少量的高湯也不難做。在野菜拉麵裡，我用了超級簡單的配方，簡單到沒有哪種高湯會這麼簡單。

這道拉麵的基本做法非常簡單：加熱 1 公升的高湯，放入450克的新鮮拉麵。加入要煮的任何配料（肉或質地較硬的蔬菜），煮好就可以吃了，最後放上蔥、香菇、竹筍，當然還有嫩心蛋。

••• 嫩蛋野菜拉麵 •••

4人份

這道拉麵既清淡又能恢復精神。我喜歡用鑄鐵鍋把香菇用極少的油炒到有濃香,但若只是簡單切一下加入湯裡也沒問題。切下來的香菇蒂可以加到味噌昆布湯裡一起熬。

材料

- 4顆蛋
- 1公升的味噌昆布湯(做法參下方食譜)
- 450克生拉麵(或350克乾拉麵)
- 115克新鮮香菇(約20個),去掉香菇蒂,香菇頭切片後,可煎可烤或生的皆宜
- 6根大蔥,打斜切成細絲
- 2根胡蘿蔔,去皮切絲
- 4根白蘿蔔,切細絲

做法

1　真空烹調水浴機裡的水熱到144.5℉／62.5℃,把蛋放入水中燙。

2　蛋在水中至少燙35分鐘,最長不要超過45分鐘。蛋快燙好前,高湯放入大鍋煮到微滾,加入拉麵煮到熟。把麵與湯平均放在4個碗中,加入香菇、蔥絲、紅白蘿蔔絲做配料裝飾。然後每碗都放1顆嫩心蛋,做好立刻就能吃了。

••• 味噌昆布高湯 •••

1公升

這道湯美味清爽,與味噌湯不同。至於味噌,你可用白、紅、綜合口味,或任何你喜歡的味噌。而我用的是白味噌,昆布和柴魚片都可在亞洲食品行或某些賣場買得到。它們會讓湯頭充滿海鮮味,但你也可以省去不用或用魚露代替,魚露做的湯雖然味道不同但效果類似。昆布片上有白霜,就是像鹽一樣的礦物質,這是好東西,請不要把它洗掉。煮湯的火力要非常溫和,要用比微火燉湯的火更弱,狀況更像是用泡的。

材料

- 1公升水
- 1顆西班牙洋蔥,切大塊
- 15克昆布(大片昆布1或2片)
- 保留的香菇蒂(自由選用)
- 25克柴魚片(約1杯)
- 2湯匙味噌醬

做法

1 準備大鍋,加入水再加洋蔥,以大火煮到微滾,將火關小轉小火。加入昆布、香菇蒂(如果使用)煮 1 小時。然後加入柴魚片攪拌一下煮5分鐘,最後加入味噌。煮到味噌化開後,用極細的篩網把高湯過濾到乾淨的容器中,可直接使用,或用有蓋的保鮮盒裝好放入冰箱,最長可放1天,放入冰庫最長可保存2個月。

Part
Two

蛋｜全蛋
去殼烹煮

一旦我們脫去蛋那可愛的外殼，料理起蛋來甚至還更有趣些。依照我們的最終目的，脫去殼的蛋可乾煎可水煮，可用烈焰炙或溫火煎，形狀可自由或用模具塑形，蛋白蛋黃可各自利用或混合在一起，或介於兩者之間，就像下面第一道菜所呈現的。

蛋／全蛋／去殼烹煮

溫火煎

RECIPE NO.13

••• 週末煎蛋三明治 •••　　　1人份，適合忙碌的父母與五年級學生

這裡的蛋要用奶油煎，而且是水分還未燒乾前的奶油，所以煎蛋的溫度會接近煮水波蛋時的溫度。用低溫慢火煎出來的蛋會特別柔軟，風味柔和。如果你有適合煎蛋的鐵鍋，且鍋面上沒有凹痕殘渣，就可以把奶油放進去燒化，等到油泡開始變小，蛋再下去煎就不會沾鍋。倘若不巧還是沾鍋了呢？你只好**翻翻**炒炒把它變成炒蛋三明治，這樣雖然也行，但總是不太好。所以這時不沾鍋要上場了，放在那裡也該上場幾次。（通常而言，應該避免使用不沾鍋烹調食物，因為用不沾鍋煎炒，食物多半無法好好褐變，但東西要有褐變才會有香氣。然而，如用低溫煎蛋，不沾鍋倒是最好選擇。）

我從小學五年級就開始做煎蛋三明治，它們一直是我最常做的快速午餐，特別是週六，當我有一大堆雜事作業要做的時候。煎蛋三明治做起來又快又好，又能夠撐整天。

每個人都知道我總是勸大家不要吃加工食物，比方說，如果你想吃BLT漢堡，就自己從頭開始做，你可以自己醃培根，自己種生菜和番茄，自己做麵包。所以當我說我的冰箱裡放了一瓶Hellmann's美乃滋時，很多人都覺得很驚訝。我喜歡Hellmann's美乃滋，只要你明確了解市售產品和自製美乃滋是完全不同東西時，使用它並沒有什麼不對。某種程度上，你自己做美乃滋，是因為了解市售美乃滋的品質無法與自己做的美乃滋相比。但在忙碌的星期六早上，待做清單長長一大串，我才不要多花5分鐘做美乃滋呢！蛋很快煎好，配上Hellmann's美乃滋，放在軟軟的麵包上，再來一杯牛奶。如果你想自己做美乃滋，請全力以赴，配方做法在p.209-211，最後獎勵將是最高級的煎蛋三明治。

蛋要入鍋前，我總是把蛋黃夾破，煎的時候蛋白蛋黃摻雜，因為我覺得這樣做的煎蛋有特殊風味。

材料

· 1湯匙奶油

· 2顆蛋，打入碗裡，把蛋黃戳一下弄破

· 鹽和新鮮現磨黑胡椒適量

· 美乃滋

· 2片三明治軟麵包

做法

1　用中低溫先燒熱鍋子（最好是不沾鍋），約5分鐘後就可以把奶油加下去讓它完全融化。因為奶油裡的水分會被煮掉，之後就起泡。當你看到油泡冒出最多時，就把蛋倒進去，立刻晃鍋，以防雞蛋黏鍋。慢煎1分鐘後，撒鹽和黑胡椒。翻面再煎1分鐘左右，煎到蛋白剛好固定就好。

2　煎蛋同時，幫麵包塗上美乃滋，塗多塗少全憑個人喜好，等蛋煎好就把蛋放在麵包上。如果蛋太大，可以把蛋折一下，讓它不要超過麵包範圍。再把另一片麵包蓋上，再配上一杯牛奶。我總是在爐邊就地解決，連盤子都省了。

••• 蛋包玉米粥佐培根吐司 •••

4人份

這是目前我最喜歡的早餐，利用被大家極度忽略很少使用的食物——玉米粥。玉米粥是粗玉米粉做的，將玉米粒用鹼液泡過再磨成粉，就是做玉米粥的玉米粉了。單吃玉米粥就很棒，讓蛋黃流在粥上更有神奇魔力。

我納入這道食譜另有目的，不只為了和用滾燙熱油過個油就煎出來的荷包蛋做比對，還希望這道食譜能成為大家多做蛋包玉米粥的理由，鼓勵大家多吃這道很少在外面賣的美國南方佳餚。請不要用即沖即食的沖泡玉米粉，請向Anson Mills、McEwen & Sons和Adluh Flour這些出好玉米粉的廠商訂貨，這道菜絕對值得。

玉米粥一定要滑順黏稠，依照煮粥的時間長短，放入水量會有差異，請用常識判斷水夠不夠，煮粥實在不太容易煮到焦糊。起司是玉米粥的提味好朋友，切達乳酪最常用，但住在田納西州納許維爾鎮的朋友有個偏好，他們特別喜歡在粥裡放入煙燻豪達乳酪。想勾起我的食欲？就想想豪達乳酪。

材料

- 1公升水
- 1杯／170克玉米粉
- 2杯／480毫升牛奶
- 鹽和新鮮現磨胡椒
- 6湯匙／90克奶油，
  可多準備一些塗吐司
- 1/2杯／60克切達乳
  酪碎（自由選用）
- 8片培根
- 4片麵包
- 4顆蛋

做法

1 取一個中鍋，在裡面放入水和玉米粉。用大火煮
   開後轉小火慢燉，不時攪動一下，煮到你喜歡的
   濃度，稀或稠都不要緊。玉米粥多半煮30到40
   分鐘就好了，但也可以燉好幾個小時，只是在燉
   時要加水。粥煮好後加入牛奶、鹽和胡椒，拌入
   4湯匙／60克的奶油，如果覺得需要還可再加。
   試過味道後，再看看是否需要加鹽。持續煮，煮
   到你喜歡的濃度，等到要上桌前再拌入起司。

2 一面煮粥，一面把培根放入鍋子煎好。我喜歡先
   加1/2杯的水和培根一起煎，這樣可把培根的油
   先逼出來。培根煎好後放在餐巾紙上瀝乾，開始
   烤麵包。

3 取一個大號的不沾鍋，把剩下約2湯匙／30克的
   奶油放在鍋裡用中火融化。然後敲個蛋放入鍋中
   煎。如果要做太陽蛋，就把鍋蓋蓋好煎幾分鐘讓
   蛋煎到固定。如果你想煎兩面黃的荷包蛋，很簡
   單，不要蓋鍋蓋，先煎幾分鐘，在蛋白沒有固定
   時翻面。煎蛋同時，你還可以幫吐司塗上奶油，
   把玉米粥舀到每個盤子裡。

4 在玉米粥上放上煎蛋，搭配吐司和培根一起吃。

••• 鵪鶉蛋香脆夫人 •••
（法式烤乳酪火腿蛋三明治）

開胃小菜12人份

要做小點心，鵪鶉蛋是最完美吸睛的食材，且有各種不同的做法。我首次品嘗這道美食是我還在念美國廚藝學院的時候，結業式那天我們在聖安德魯咖啡做結業實作獲得好評，大廚指導隆恩·迪桑提斯（Ron DeSantis）給我們每人一份鵪鶉蛋魚子醬小披薩作為獎賞。他毫不諱言地告訴全班，這點子直接取自舊金山名店Star餐廳的主廚傑瑞米·陶爾，是他讓這道點心受到普遍歡迎。後來又吃到鵪鶉蛋是在「法國洗衣店」餐廳，在端上桌之前，湯瑪斯·凱勒先把鵪鶉蛋用水波煮的方法燙好，用少許奶油回溫，加上最後裝飾，放在銀湯匙上端給客人享用，鵪鶉蛋就成為一道有趣的一口美食。後來我到了克里夫蘭找到不少鵪鶉蛋的做法，把它們寫在我的部落格上，像是把鵪鶉蛋先煎過放在湯匙上，搭配燙軟的芝麻葉、培根和英式馬芬做成的麵包丁。也可以直接把芝麻葉拿掉，用水波煮的方式燙鵪鶉蛋，做成類似班乃迪克蛋的小點心。你也可以用盡全力做這道源自法式烤乳酪火腿蛋三明治的「鵪鶉蛋香脆夫人」（Croque Madame）[9]——烤乳酪和火腿搭配莫奈醬（Mornay sauce），上面再放一顆煎蛋，就是我最愛的料理。

譯註9：法式三明治也分陰陽，若只有烤火腿乳酪三明治則稱作「香脆先生」（Croque Monsieur），加上蛋就是香脆夫人。

莫奈醬的材料

· 1湯匙奶油

· 1顆紅蔥頭，切成末

· 鹽和新鮮現磨黑胡椒適量

· 1.5湯匙麵粉

· 1杯／240毫升牛奶

· 新鮮肉荳蔻，用香料研磨棒
　磨幾下

· 1/4杯／130克乳酪碎，可用
　Gruyère或Emmentaler乾酪

香脆夫人的材料

· 12片迷你三明治麵包或其他可切成薄
　片的麵包，請切成長寬約5公分的小片

· 1到2湯匙第戎芥末醬

· 170克火腿絲，退冰後放到室溫

· 4小匙／40克乳酪碎，可用Gruyère或
　Emmentaler乾酪

· 1湯匙奶油

· 12顆鵪鶉蛋

· 鹽之花或粗海鹽

做法

1　先預熱小烤箱。

2　莫奈醬的做法：先把奶油和紅蔥頭末放入小鍋裡用中火加熱，加適量的鹽及黑胡
　　椒，煮幾分鐘，煮到紅蔥頭變軟，然後再加入麵粉拌炒1分鐘後加入牛奶攪拌，一
　　面攪一面煮，煮到醬汁微滾且牛奶變稠。將火關小，磨幾下肉荳蔻，加入乳酪碎拌
　　勻後放旁備用。

3　香脆夫人的做法：吐司或麵包切片稍微烤一下，塗上一層薄薄的第戎芥末醬，放上
　　火腿和乳酪，送入小烤箱烤到乳酪融化。

4　莫奈醬用小火重新加熱。準備一兩隻不沾鍋，放入奶油以中火加熱，當麵包上的乳
　　酪融化，蛋也同時加入鍋中煎，入鍋後蓋上蓋子。

5　烤好的三明治放在托盤上，每一個都舀一點莫奈醬，只需幾分鐘太陽蛋就會煎好。
　　煎好後每個三明治都放上一顆蛋，最後撒上鹽之花或粗鹽，請立刻享用。

蛋／全蛋／去殼烹煮
強火煎

RECIPE NO.16
··· 帕德斯大廚的韓式拌飯 ···
4人份

當我在做《大廚的達成》（*The Reach of a Chef*）這本書的時候，我跑去找我的業師和好友麥可．帕德斯（Michael Pardus）又練習了一段時間。帕德斯教過我廚藝基本功，而他當時正在教授亞洲料理。當天是韓國日，我到那兒做菜，這道菜是他出給我們的額外加分題，名字是bibimbap，大致可譯為「和飯混在一起的料理」，也就是「韓式拌飯」。韓式拌飯是清冰箱的好菜，但帕德斯用了醃過的牛肝連炒蔬菜，上面再放了一顆煎蛋，這並不罕見。（我在〈全蛋〉中有很多菜色都採用這個做法，很多菜加了蛋後都能更美味。）

但在實際操作時，這顆蛋卻帶給我一點麻煩，它們一直黏鍋一直破。我當時負責煎蛋，卻只能煎好10個，根本是災難。韓式拌飯簡直讓我丟臉丟到家。但它也讓我思考黏鍋這問題。最後我想到只要用極燙的鐵鍋煎，不但不會發生黏鍋的問題，蛋白還會煎成香酥焦黃。這不是我做三明治想要的效果，卻非常想在韓式拌飯上來一顆這樣的蛋。這道簡單美味的料理從此變成我家的招牌菜。

牛肉的注意事項：我認為石鍋拌飯最好用牛肉絲，但也要看牛肉的大小和部位，你可以盡量切細，或把牛肉對半切也沒什麼不可以。如果你用牛腹肉，請記得逆紋切；如果用牛肝連，請沿著天生紋路順紋切。但無論哪種情況，肉都是打橫放再切，而不是從直的那面切。

醃牛肉的材料

· 450克的牛肝連或牛腹肉，切法看部位及需要

· 2根蔥，切成蔥絲

· 2瓣大蒜，用刀背拍碎後切碎

· 1湯匙薑泥，去皮後磨成泥

· 2湯匙醬油

· 1茶匙糖

韓式辣醬的材料

· 2湯匙苦椒醬或其他韓式辣醬

· 2湯匙水

· 2茶匙米醋

· 1茶匙糖

· 1茶匙魚露

· 1茶匙麻油

韓式拌飯的材料

· 1.5杯／280克茉莉香米，洗好備用

· 1/4杯／60毫升植物油

· 1/2杯／100克胡蘿蔔絲，去皮後切絲

· 1/2杯／100克蘿蔔絲

· 1/2杯／100克芹菜絲

· 1/2杯／100克萵苣絲

· 4顆雞蛋，分別打入不同小碗

· ·

做法

1　醃料和牛肉絲拌在一起，放在有蓋子的保鮮盒或夾鏈袋中，放入冰箱讓它醃，最長可醃48小時（最好醃 1 小時，如果你剛下班回家，這樣做時間也不會浪費在醃肉上）。

2　韓式辣醬的食材放入小碗拌好，放旁備用。

3　米放入中型醬汁鍋，加水，水要蓋過米2.5公分。放在爐上用大火煮，讓米湯一直滾，煮到水和米齊高，水氣冒上來變成一顆顆泡泡（也稱為「魚眼」）。這時候就蓋上蓋子，轉小火，放在爐上慢煮。

4 中式炒鍋放在爐上用大火熱鍋。另一邊準備有蓋的平底煎鍋先用小火預熱。當炒鍋熱了，看到鍋氣冒上來，就把2湯匙／30毫升的植物油放進鍋中熱油，放牛肉絲炒2分鐘炒到熟。加入韓式辣醬料與牛肉拌勻。

5 這時候就把爐上另一邊的煎鍋火力開大，以大火熱鍋。

6 在中式炒鍋裡加入蔬菜和牛肉拌炒，菜一放火關掉，用餘熱拌炒。

7 此時煎鍋已經熱了，在鍋中加入剩下的植物油約2湯匙／30毫升，讓油也燒到快冒煙。把蛋很快地倒進去，一次一個，蛋與蛋之間要留些空隙，大火先煎20秒左右再蓋上鍋蓋，爐火轉小。

8 把飯分別裝入4個碗中，把蔬菜炒肉絲加在飯上。等到蛋白煎到凝固，蛋黃仍然嫩滑時，就可把蛋起鍋放在配菜上，每碗都放一個，做好就可即時享用。

··· Michael Pardus's Bibimbap ···

蛋／全蛋／去殼烹煮

炸蛋

••• 培根蛋沙拉 •••   4人份

是的,你可以把蛋放進滾燙的熱油炸15或20秒,就會炸出一顆美妙的蛋,蛋白熟了,蛋黃仍會滑動。吃起來完全不油,高溫還會把部分蛋白炸成香酥焦黃,如果你很幸運,還會炸出像彗星尾巴一樣的蛋酥(如p.59)。炸蛋可以用在之前介紹的任何一道食譜,但因為它是炸的,最好配一些酸性食材。我喜歡把它放在厚厚一層捲鬚生菜上,捲鬚生菜有些苦味,口感非常爽脆,若想讓風味更豐富,可以放培根碎,看起來就會和法式火腿沙拉有些區別。也可用捲鬚菜的白色部分,白捲葉吃起來沒有那麼苦。加醋能襯托生菜怡人的苦味,加幾滴紅酒醋或1到3滴義大利黑醋就可以吃了。如準備較豐盛的大餐,這道菜可作為吸睛的開胃前菜,若是午餐,它就是完美輕食。只要你需要,可以事前把培根做好,但煎出的培根油要留下來拌捲鬚菜。

材料

· 85克培根片,請準備雙層超厚培根

· 2到3杯／480到720毫升植物油,油炸用

· 225克捲鬚生菜

· 1茶匙紅酒醋

· 義大利黑醋

· 鹽和新鮮現磨黑胡椒

· 4顆蛋,分別打入不同小碗

做法

1　找一個中型煎鍋或鑄鐵鍋把培根煎到酥脆。

2　煎培根的同時，一面用中型深鍋熱油，如果有中式炒鍋更好，中式炒鍋的鍋邊是斜的，會讓油用得少些。

3　培根炸酥後切碎。把鍋裡培根油倒出來，但留一湯匙份量在鍋中。把切好的培根還有捲鬚生菜一起丟回鍋中，拌一拌讓生菜沾滿油（如果鍋子還是熱的，也沒關係），然後起鍋把捲鬚菜分入4個盤子。鍋子裡如果還剩有培根也要撈到沙拉上。

4　每盤沙拉上都灑1/4茶匙的紅酒醋，試過味道如覺得不夠還可再放。沿著盤子邊灑幾滴義大利黑醋，再用鹽和黑胡椒調味。準備另個盤子，舖上餐巾紙好給蛋起鍋時瀝油。當鍋裡的油溫大約到達375℉／190℃時（可把筷子插進油中試油溫，筷子邊如果大量冒油泡，就是好了，但不是把油燒到冒煙）。把蛋放入鍋中炸，慢慢攪慢慢轉，蛋會先下沉然後再浮上來。如果蛋翻得過去，就翻面再炸，如果翻不過去，就拿湯匙一瓢瓢舀油淋在蛋白上讓它固定，大概炸個15或20秒就好了。用漏勺把蛋撈在餐巾紙上瀝油（請盡量按照放蛋的順序把蛋撈起來）。在上面撒一些鹽，放在沙拉上，做好就能吃了。

煨蛋

Coddled egg，這道料理聽起來就像它的名字一樣，「煨蛋」，抱著偎著，充滿安適。Coddle的意思是「溫柔地對待」，字源來自caudle，一種蛋酒湯，是給病人喝的熱飲，以致於煨蛋總被認為是病人料理，但它可是料理界的天王。在這裡我們的做法是：以最大的溫柔對待它，隔絕各方熱力，用最柔的火，放在密閉容器裡慢慢煨。對於煨蛋定義也有不同說法，某些美食作家認為煨蛋是不剝殼用極短時間烹煮的蛋，抱持這樣說法的人包括詹姆斯·畢爾德[10]及馬德琳·卡曼[11]。但也有另一派說法，就如我，我認為不剝殼短時間烹煮的蛋是嫩心白煮蛋，且認為應該把coddle egg這個詞加以限定，只有去了殼放在密閉容器用慢火煨的蛋才能叫coddle egg。雖然煨蛋是營養食品，絕對有助恢復健康，但不該只局限於病人專用。事實上，它是異常優雅的料理，味美且幾乎人人會做。

因為煨蛋相對少見，周末時若有客人，這就是一道很棒的早餐。它也不用花什麼腦筋，只要放在熱水裡10到12分鐘就能成就魔法。

只有蛋很好，但仍需添加一些風味。我正在想搭配的各種可能性，打開冰箱，掃描內容物尋找靈感，眼光停在一小罐塑膠瓶裝的黑松露奶油上。奶油和雞蛋；松露配雞蛋，世上沒有更合味的搭配。而且如此簡單，只要把蛋打入煨蛋盅，加一坨松露奶油，蓋上蓋子，隔水加熱，等到蛋白固定就好了。撒一些鹽之花或莫頓海鹽，再蓋回蓋子，就可上桌搭配吐司一起吃。我喜歡棍狀吐司，正好用來沾蛋黃。

我記得湯瑪斯·凱勒在曼哈頓的餐廳Per Se有供應煨蛋。我寫信給

餐廳經理麥可‧米尼諾（Michael Minnillo），他是克里夫蘭出身的老鄉，我問他他們都是怎麼做的。他回信說：「只放一點松露奶油。」我就知道！我還問了他們都是用什麼食器裝的，因為我之前曾要求負責道具的攝影師，也就是我老婆唐娜找些漂亮的煨蛋盅。麥可把他們的煨蛋盅網頁連結寄給我，我轉寄給唐娜，她立刻在隔壁房間大叫起來：「這就是我上網訂購的煨蛋盅！」我想我們和湯瑪斯‧凱勒相交太久，他和他的餐廳已對我們產生不小影響。

松露奶油又高雅又簡單，但絕不是你唯一能用的調味。一小匙奶油，一點龍蒿菜也很可愛怡人；放幾滴上好的冷壓初榨橄欖油和帕瑪森乾酪也很美味。我一向不是辣醬配蛋的愛戴者，但如果你的味蕾需要一些火燙辣味，灑一點是拉差醬也很棒。

煨蛋必須隔水加熱，煨10分鐘，蛋白就變得鬆鬆晃晃的，煨12到15分鐘，蛋就比較結實。加熱時間取決容器的厚度，所以要不停查看確定熟度。如果你喜歡效法瑪莎‧史都華（Martha Stewart），就請使用煨蛋盅，但也可用一般烤盅，只要輕輕蓋上鋁箔紙就好了，甚至可用喝espresso的小咖啡杯，其實這樣煨出來的蛋會非常高雅。現在想想也許我們家到處放著的婚禮瓷器也能派上用場。

譯註10：詹姆斯‧畢爾德（James Beard，1903-1985），美國1940年代重要廚藝節目主持人及作家，現今料理界最大獎「詹姆斯‧畢爾德」獎以他之名命名。

譯註11：馬德琳‧卡曼（Madeleine Kamman），法國人，隨著第二任丈夫到美國，1962年開始在費城教烹飪，是具有36年的烹飪教學經驗的廚藝節目主持人。

••• 松露奶油煨蛋 •••

4人份

材料

- 4顆蛋
- 4茶匙黑松露奶油（或上述提到的其他調味料）
- 鹽之花，或用灰鹽及莫頓海鹽
- 新鮮現磨胡椒粉

做法

1 烤箱預熱到300℉／150℃。

2 先將鍋中的水煮滾，水量依據隔水加熱用的烤盤及煨蛋盅的狀況而定。

3 蛋分別打入各個蛋盅，加1茶匙松露奶油後蓋上蓋子。將蛋盅放在烤盤或平底深鍋，把滾燙的熱水倒入烤盤，水量要與蛋同高，不能超過蛋，請小心不要把水灑入蛋盅。

4 烤盤放入烤箱中開始煨，時間約10到15分鐘，煨到你喜歡的熟度就可即時享用。

烤蛋

和煨蛋不同，烤蛋是直接用火烤出的蛋，而煨蛋的熱力來自水，蛋盅外是隔水加熱產生的溫和熱度，而蛋盅內有散不出去的水蒸氣。但這兩種蛋同樣療癒人心，同樣美味，只是烤蛋因為高溫加熱及放入其他食材，風味更加複雜。我喜歡用一點鮮奶油和奶油做成較甜的版本，加上新鮮現磨的帕馬森乾酪更是神來一筆的最後裝飾，放入小烤箱讓乳酪帶一些焦黃，顏色和風味就都有了。

如果想添加其他元素，可用素材數之不盡。你可以走傳統路線，在烤盅上擺放熟波菜、煎香菇、烤紅椒、烤茄子。你也可以加入火腿、培根或油封鴨。另外紅蔥頭末用少許奶油爆香，烤蛋配紅蔥油酥也是一絕。

至於在技術層面，如果你把烤盅先放在微波爐、火爐或烤箱中先熱一下，烤出的蛋會較均勻。烤箱溫度要用350℉／180℃，烤到蛋剛好固定，所需時間約10分鐘。當然，你也可以用烘的，最好策略是在蛋上加一層乳酪，再放入小烤箱烘。

烤蛋器具的尺寸非常重要，必須又寬又淺，不是一般傳統的圓形烤盅。標準8盎司／240毫升的圓形烤盅只能烤一顆蛋，如果要烤2顆就要用隔水加熱法，且時間要花3倍才能將雞蛋從裡到外烤到口感不錯（口感會介於煨蛋和烤蛋之間）。

••• 獻給母親的佛羅倫斯波菜烤蛋 •••　　　　母子各 1 份

我媽喜歡用波菜搭配烤蛋，但她總是做不好，所以這道食譜是為她寫的。菠菜有兩種處理法，一種是汆燙後用冰水浴冰鎮，或者用奶油加紅蔥頭先炒過（我較喜歡這種）。不管哪種方法，都要擠乾水分，先切段再放入烤盅。

材料

· 2茶匙奶油

· 225克菠菜，先煮熟，把水分
擠乾再大致切段

· 4顆蛋

· 2湯匙高脂鮮奶油

· 鹽和新鮮現磨黑胡椒

· 帕馬森乾酪碎少許

· 塗好奶油的烤麵包，麵包品質
要好

做法

1　烤箱預熱至350℉／180℃。

2　準備2個淺烤盅或烤蛋盤，各放入1茶匙奶
油，將做好的波菜分別放入烤盅裡。放入微
波爐加熱30到40秒，此時烤盅裡的菠菜是
滾燙的，烤盅卻是可用手拿的溫度。

3　每個烤盅各打入2顆蛋，各放入1茶匙奶油，
然後加鹽和黑胡椒調味，再撒一些起司。

4　烤盅放入烤箱烤10到15分鐘，烤到蛋白完
全凝固，就可搭配麵包一起上桌。

佛羅倫斯波菜烤蛋 *Eggs Florentine*

1　加入蛋前必須把烤盅及裡面的波菜先溫和預熱。

2　最後撒上乳酪碎，放入烤箱，烤到美美的就好。

水波煮

在料理蛋的各種方法中，煮水波蛋是非常具有教育意義的。特別對於蛋白的各部分，水波煮讓它們出現戲劇化的表現。蛋白由不同蛋白質構成，每一種凝固的溫度都不同，眼睛看得到的就有兩部分，較稀疏的部分與較濃且黏的部分。把蛋敲開打入盤子裡，用肉眼就可觀察，通常越新鮮的蛋濃稠的部分會越多越厚實。

在所有蛋料理中，水波蛋是最簡單最富變化的做法了。水波蛋的蛋白會比脂肪含量較多的蛋黃更快煮好，在水的溫和熱力下仍維持軟嫩狀態。它有無窮無盡的變化做法，只要在維基百科上找找「班乃迪克蛋」，就可找到二十幾種，它們還是最常見的變化，有放在吐司上的，放在朝鮮薊心上的，也有放在玉米粥上的，放在蟹肉餅上的，放在火腿沙拉上的，還有放在湯裡的。大概所有的料理只要放上水波蛋都會變得更好吃。以下是注意事項：

如何做出完美的水波蛋

敲一顆蛋放入熱水中，大部分的稀蛋白會和濃蛋白分離，混濁的水留下某種像發皺床單的東西，連著蛋黃如彩花飄散。許多人建議在水中加入醋，據說有防止稀蛋白四散的作用，原因是醋可以加速凝固速度。千萬不要這樣做！我再說一次，不要在煮水波蛋的水中加醋，這件事除了讓你不得不把發酸的蛋拿去沖洗外別無好處。防止稀蛋白四散有個小祕

訣，這是我讀哈洛德‧馬基的無價巨作《食物與廚藝》學到的，只要在蛋入水前，先把蛋放入漏勺中讓稀蛋白流掉（這招效果太好，我甚至還開發出一款「渾蛋專用濾勺」（Badass Perforated Egg Spoon），就是一把底部特別深，專門漏稀蛋白的漏勺——請見我個人網站ruhlman. com的「Shop」商品販賣網頁）。這技巧能讓你做出光滑奪目的橢圓形水波蛋，連一點凌亂蛋絲都不帶。只要將蛋敲入碗中，倒入專用漏勺，把稀蛋白濾到另一個碗，蛋再倒回第一個碗，就準備好下鍋了。

所以要如何做出完美的水波蛋呢？

先將鍋裡的水煮到微滾，滾了立刻轉小火或把鍋子直接從爐上移開。為了避免蛋一下鍋就黏鍋，請先把鍋裡的水攪成漩渦，漩渦也能讓蛋轉得更漂亮。把濾好的蛋輕柔地放入旋轉的水中，只要90秒，蛋白就能完全凝結。此時又可拿專用漏勺把蛋撈出來，如果需要可以把蛋下面的水稍微撩撥一下，蛋很容易就撈出來。如果你覺得蛋好像還沒煮好，只要再把它放回水中燙到好就好。讓勺中多餘的水流掉，可以把蛋稍微傾斜，和蛋白一起撈出來的水就會流掉，不然就放在餐巾紙上吸走水分。立刻上桌享用。

水波蛋 *Poaching an Egg*

 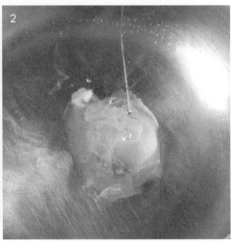

1 過濾生雞蛋，讓稀蛋白濾流掉。

2 為避免蛋白黏鍋，先把水攪成漩渦，再將蛋放入水中浸泡。

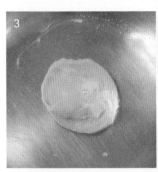  

3 請注意，水中流散的蛋白很少。

4 把水波蛋輕柔地撈出水中。

5 檢查這顆蛋是否是你喜歡的熟度，放在餐巾紙上濾乾。

6　水波蛋可搭配沙拉、三明治、漢堡，和所有菜色都很相配，更增美味。在這裡我先
　　把蛋放在溫熱的火腿片上，等一下再加荷蘭醬（做法請看下一頁）。

••• Eggs Benedict •••

RECIPE NO.21

••• 班乃迪克蛋 •••

4人份

在餐廳或飯店的自助早午餐中,班乃迪克蛋總是最受人歡迎的一道料理。沒有理由這道菜不能時常出現在家中。這道菜無論你怎麼做,都是我所知最豪華也最棒的料理。我喜歡蛋黃和奶油做成的醬汁——可愛的蛋配上奶油效果加倍,就像在蛋上面又放了雞蛋奶油(麻煩,小弟,我喜歡這個蛋,請多放一些奶油和雞蛋在上面,拜託了)。

我從小到大總覺得火腿就該像加拿大培根,是先醃過再煙燻的里肌肉。大概因為豬里肌的圓片大小剛好適合英式馬芬(就是滿福堡),班乃迪克蛋用加拿大培根就好像是標準模式。這也是我在這裡用它的原因,當然你也可以用別種火腿或醃肉,就像用義大利生火腿或美式培根,甚至用豬肉絲或油封鴨。只是那樣做就不能叫做班乃迪克蛋了。要叫班乃迪克蛋,食材必須是英式馬芬、加拿大培根、水波蛋和荷蘭醬。有關英式馬芬的廠牌,我推薦Bays出品的,這牌子的馬芬幾乎在超市冷凍區都找得到。我喜歡把它們對半切後,較大較脆的那一半做底部,上面那一半只是簡單放在盤子上。不然你也可以只用2個英式馬芬,切半之後剛好每人半塊。

材料

· 4個英式馬芬,對半切好備用

· 4片加拿大培根片,切成1公分

· 4顆蛋

· 1杯╱240毫升荷蘭醬(可用傳統手打或用攪拌機攪打,做法請看p.218)

· 鹽和胡椒

· 1湯匙香蔥末或巴西里末(自由選用)

做法

1　先把英式馬芬的底部烤香,如果用小烤箱烤,可將加拿大培根放在馬芬上一起烤,烤馬芬也加熱培根。如果用烤好會跳起來的麵包機,就用微波爐把加拿大培根稍微熱一下,或者更好的是,用奶油煎!處理好再烤英式馬芬的上半塊。

2　烤馬芬的同時,準備一鍋水先煮滾,雞蛋的稀蛋白也先濾掉(做法請看p.78)。要上桌時才煮蛋,把蛋放入水中後立刻離火。4個盤子上都放上英式馬芬的底部,上面再各放一片加拿大培根。蛋用熱水泡了90秒左右就該好了,把它們撈出水中,濾乾水分,再放到加拿大培根上。最後再淋醬和裝飾,將荷蘭醬舀在蛋上,如果喜歡可用蔥末裝飾,做好即可享用。至於英式馬芬的上半部,放在旁邊就好。

··· 油封鴨上的水波蛋 ···

4人份

朋友的朋友介紹我認識養鴨的鴨農，他們手邊常有吃不完的鴨蛋，而我是快樂的鴨蛋接收者。我鼓勵大家盡量在當地的農夫市集找找有沒有鴨蛋賣，另外有些像Whole Foods這類的有機食品超市也會賣鴨蛋。所有鳥類的蛋吃起來多半大同小異，但是鴨蛋要比雞蛋大，看起來更橢圓，蛋黃特別大，相對起來蛋白就少了許多，因此鴨蛋的味道更濃郁。

我喜歡用鴨蛋來做包著油封鴨和蘑菇的歐姆蛋，還喜歡炒成炒蛋放在吐司上，或者做成我的最愛──油封鴨上的水波蛋。而水波蛋就棲在由洋蔥、馬鈴薯和油封鴨塊燴成的巢裡。我用橄欖油把鴨腿油封起來，整個冬季隨時可用（做法請上我的網站ruhlman.com查詢）。或者你也可以為了這道菜特地燜烤鴨腿，只要把鴨腿放在烤盤上，覆蓋洋蔥絲，放入烤箱以325°F／165℃的溫度烤90分鐘。

材料

· 1/4杯／60毫升鴨油、或油封鴨用的
  油、或植物油

· 2顆褐皮馬鈴薯（約680克），去皮，
  切成小丁

· 鹽和新鮮現磨的黑胡椒

· 1個中等大小的洋蔥，切成小丁

· 4隻油封鴨腿或燉燒鴨腿，去骨去皮，
  鴨肉切成小塊

· 2湯匙第戎芥末醬

· 4顆鴨蛋

· 1茶匙蒜末（自由選用）

· 1湯匙巴西里末（自由選用）

▲ 鴨蛋的蛋黃（左）比雞蛋的蛋黃（右）來得大。

做法

1　油放入大煎鍋中以高溫加熱，加入馬鈴薯拌炒，讓馬鈴薯都沾上一層油。將火轉到中高溫，持續炒20分鐘，把馬鈴薯煎到焦黃。試味後加鹽和胡椒粉調味。加入洋蔥和油封鴨丁和鴨皮持續拌炒10分鐘左右，炒到洋蔥上色，但拌炒的時間仍要視洋蔥丁的大小而定。接著拌入第戎芥末醬，將火關小。

2　蔥薯鴨丁做好，就可以把水燒開把鴨蛋放進去水波煮（鴨蛋水波煮的方法與雞蛋相同，製作程序請看p.78）。如果喜歡可將蒜末或巴西里末拌入鴨丁，然後將鴨丁平均分成4盤，鴨蛋放在鴨丁中央。蛋用鹽和胡椒調味後即可享用。

醬燉水波蛋

水是做水波蛋最神奇的介質，但不是只有水能做這工作，只要能在爐子上煮到冒泡的液體，像是高湯、燉汁、醬汁都可以煮水波蛋。

只是用那些你也要一起吞下的東西來燙蛋，過濾稀蛋白的程序就更加重要；你總不希望把好好的醬汁湯頭搞得一團亂吧（除非你想做蛋花湯，做法請見p.110）。而水波蛋過濾稀蛋白的方法請看p.78。

大家都知道義大利名菜「醬燉水波蛋」（uova in brodetto），這可能是最知名用湯料煮水波蛋的菜了。義大利文brodetto是brodo的暱稱，而brodo就是英文broth-肉湯的意思。在美國看到的醬燉水波蛋多半用番茄醬作底，稱作「煉獄蛋」（egg in purgatory），吃的時候用麵包沾著吃；以色列也有道菜叫作shakshuka，不用懷疑，這就是換湯不換藥的茄醬水波蛋，它在各地菜色都占有一席之地的原因無他，就是因為太好吃。我喜歡做口味辛辣濃重的燉蛋，用大蒜、乾辣椒碎、橄欖、酸豆做成「煙花女燉蛋」[12]。但如果你想把它當成最後一刻的即時料理或是快速早餐，拿一罐好一點的番茄醬來做也很好，因為蛋可以使一切變美味。（如果有時間，把洋蔥隨便切一切，加入番茄醬，這招會事半功倍有助提升風味。）

而醬燉水波蛋也有正統的法式做法，燉蛋的醬湯需要用一半紅酒、一半牛肉高湯（或小牛高湯）。誠心認為這道菜應該用自己做的高湯來燉，因為罐頭高湯品質不好，濃縮之後不好的成分會更被凸顯。燉蛋之後，剩下的濃縮紅酒高湯再以奶油麵糊（beurre manié，用奶油和麵粉揉和成的麵糊）快速稠化，淋在蛋上一起上桌。

譯註12：南義有道出名料理「煙花女義大利麵」（spaghetti alla puttanesca），puttana是妓女之意。這道菜傳說是義大利妓女用乾辣椒與鯷魚、橄欖、酸豆等醃漬料做成的裹腹麵點，口味辛辣鹹香嗆酸，正如煙花女般潑辣。以後類似做法都以「煙花女」稱呼。

RECIPE NO.23

··· 紅酒燉蛋（紅酒醬燉水波蛋）··· 4人份

這是來自法國勃艮地的經典料理，水波蛋用紅酒高湯來燉，燉蛋的高湯最後變成搭配的醬汁。這道菜做法很多。餐廳會把蛋用紅酒先燉好，放入冰水浴裡冰鎮，一面冰蛋的同時，一面準備其他材料；而醬汁先收汁勾芡好，等到上桌時再重新加熱。在家裡自己做時，我會先濃縮醬汁，然後再煮蛋，最後才用奶糊勾芡。

只要用紅酒入菜，請用自己覺得喝來不錯的酒，但當然不是那種為了特殊場合準備的好酒，一瓶10美元的就可以了。凡是口感不適合放入醬汁的，也沒辦法和蛋一起吞下肚。

小牛高湯是廚房中很棒的食材，是讓這道菜表現完美的功臣（請上我的網站ruhlman.com參考小牛高湯的做法）。但也可以自己熬一鍋濃郁的雞高湯，效果也會很好。紅酒燉蛋搭配吐司、一片長棍麵包或一塊英式馬芬的下半層一起吃最棒，只要口感酥脆又吸附醬汁的東西都可以。可自己選擇配菜，培根或火腿丁都是很受歡迎的配料，這也是我的選擇。請在做水波蛋前就把它們處理好。

材料

· 1顆紅蔥頭，切細末
· 4湯匙／60克奶油，放到室溫備用
· 1/2茶匙鹽
· 2茶匙番茄糊
· 2杯／480毫升無糖紅酒
· 2杯／480毫升褐色小牛高湯或自己熬的雞高湯
· 2茶匙糖
· 1片月桂葉
· 現磨黑胡椒
· 3湯匙麵粉
· 4片麵包
· 4顆蛋
· 1湯匙新鮮巴西里碎

做法

1　準備一個中型醬汁鍋，紅蔥頭末和1湯匙／15克奶油一起放入鍋中以中火加熱。奶油融化後放鹽繼續拌炒，炒到紅蔥頭末變得透明。加入番茄糊再煮30秒後，放紅酒、高湯、糖、月桂葉和黑胡椒陸續下鍋，用小火煨煮5到10分鐘，煮到湯汁比一半還少一點。

2　一面煮紅酒高湯，一面準備小碗，把剩下的3湯匙／45克奶油和準備好的麵粉放入碗中，用湯匙一面壓一面和，拌到麵粉和奶油完全混和。拌好的奶油麵糊包好放入冰箱備用。然後就是烤麵包，烤好後4個盤子各放一片。

3　4顆蛋分別打入不同小碗，請參考p.78把稀蛋白濾掉。紅酒高湯煮好後，把蛋輕柔地放入醬汁中，如果醬汁太少無法蓋過蛋，請用湯匙把醬汁澆淋到蛋面上。大約泡90秒後蛋可完全固定，但仍需肉眼判別。只要蛋白凝固就可把蛋撈起來放在麵包上。

4　濃縮好的紅酒高湯過濾到另個乾淨的平底鍋，放在爐上以大火煮到微滾，然後把火關到中高溫。奶油麵糊放入醬汁攪拌，讓醬汁濃稠。用湯匙把煮好的紅酒醬舀到蛋和麵包上，撒上巴西里葉做最後裝飾。搭配培根或其他配料，立刻就可享用。

RECIPE NO.24

••• 煙花女紅醬燉蛋佐天使麵 •••

4人份

Pasta puttanesca多譯為「煙花女義大利麵」，傳聞這是西西里島的妓女在接客空檔時把東西隨便湊一湊、將就著吃的食物。無論如何，這道菜的特色都是滿載鹹香提鮮食材的辣味番茄醬。醬裡通常會放鯷魚，但在這裡，我用的是魚露，因為那是我廚房櫃子必備的珍貴小物，隨手一拿就有。還加上乾辣椒碎、kalamata橄欖、酸豆和雞蛋，這些食材創造出一道豐美的義大利麵。醬汁還會有剩，可留著做別道菜。這道菜通常搭配酥脆的厚片烤麵包一起吃，但這裡我用義大利麵代替。

罐頭番茄需打成泥，你可以把番茄放入攪拌機攪打，或用手持攪拌棒直接插入罐頭中打都可以，但一開始必須把番茄汁倒一些在煎鍋裡和洋蔥作伴，不然你一定會打得一團亂，相信我。

材料

- 1顆西班牙洋蔥，切成小丁
- 4瓣大蒜，用刀背拍散後隨意切碎
- 1湯匙冷壓初榨橄欖油
- 1茶匙鹽，如覺不夠還可再加
- 1茶匙乾辣椒碎
- 1杯／240毫升無糖紅酒
- 1罐（約794克）去皮的整顆番茄，打成泥備用。或用10顆新鮮羅馬番茄，烤15分鐘後再打成泥

- 1片月桂葉或2茶匙乾燥奧瑞岡葉（或兩者皆用）
- 1/2湯匙魚露或4條鯷魚，隨意切一下
- 1/2杯／90克kalamata橄欖，去籽切碎
- 2湯匙酸豆
- 4顆蛋
- 450克天使麵或細條的義大利麵，煮到彈牙程度後用初榨橄欖油或奶油拌一下，放在有蓋的鍋中保溫

做法

1 洋蔥、大蒜放入大煎炒鍋或長柄煎鍋，倒入橄欖油，加點適量的鹽，以中高溫拌炒。等洋蔥和大蒜炒軟了，顏色也透明了，就可加入乾辣椒碎，然後再補一點油，讓食材都沾上。

2 此時加紅酒，煮到微滾後，加入番茄泥、月桂葉、奧瑞岡葉，再加熱煮到微滾。然後把火關小慢慢煨煮醬汁，約煮 1 小時，把醬汁煮到又美味又濃郁。番茄醬底可之前先做，做到此階段後就可放涼，用有蓋的容器裝好放在冰箱冷藏，最長可保存3天。

3 要做前把月桂葉拿出來丟掉，加入魚露（或鯷魚）、橄欖和酸豆。如果番茄醬底是從冰箱拿出來的，請用中火把它全部煮到滾，然後開小火燉。蛋用勺子盛著，放入時先用勺子底部把濃醬推出一個洞，把蛋放在洞裡。然後蓋好鍋蓋，煨3到6分鐘，煨到蛋白固定就好了。

4 煮好的義大利麵平均放在4個盤子中，把醬汁舀到麵上，然後再放蛋，每盤都如此，如果需要還可再多加醬汁。做好立即享用。

煙花女紅醬燉蛋
Eggs in Puttanesca Sauce

1 用勺子盛著蛋放入醬汁，放入時用勺子底部把醬汁壓出一個洞，把蛋放進去。

2 蓋上鍋蓋煨到蛋白固定，要常常檢查避免煮過熟。

3 在義大利麵上淋上醬汁，再放上蛋。

3

蛋／全蛋／去殼烹煮

袋煮水波蛋

　　這是我從推特學到的第二個煮蛋技巧。為什麼想用密封袋煮蛋？因為你可以；因為能維持蛋的完整形狀；因為不需丟棄稀蛋白，能掌握全部的蛋；因為蛋能融入油的風味（有一點很重要，袋子從一開始就要抹上油，這樣蛋才不會黏袋）。用袋子煮也是因為可以一次煮大量水波蛋，只要把它們直接丟入冰水浴中冰鎮，等到需要時再回溫就好了。（如果你擔心密封袋的化學物質會污染食物，請用Glad密封袋，這牌子的密封袋不含雙酚A或鄰苯二甲酸。）

••• 洋蔥紅椒蛋三明治 •••
（以袋煮水波蛋來做）

4人份

這純粹只是做雞蛋三明治的藉口。焦糖洋蔥和烤紅椒會讓三明治格外可口。你也可以做個屬於自己的變化版：用袋煮水波蛋加上培根、帕馬森乾酪、巴西里，就是義式培根蛋麵；搭配奶油和香煎波菜就是佛羅倫斯水波蛋；搭配松露奶油和蘑菇也不錯；甚至可在馬芬上塗一些美乃滋，就算完成水波蛋的配料了。英式馬芬常作為水波蛋的底，原因除了好吃之外，也有實用的考量。當你一口咬下三明治，馬芬酥脆的孔洞正好接住黃膏，這是你絕對不想放過的東西，馬芬剛好能吸附落下的蛋黃。

材料

· 4茶匙冷壓初榨橄欖油
· 4顆蛋
· 1茶匙奶油或更多，塗英式馬芬用
· 1/2顆洋蔥，切絲備用
· 1顆紅椒，先用火或放入烤箱烤到焦，剝皮後切成小丁
· 鹽和新鮮現磨黑胡椒
· 1/4茶匙紅酒醋或白酒醋
· 4個英式馬芬
· 奶油

做法

1 如果你想把蛋提前先做好，就把一鍋水先用大火煮開，然後關小火讓水保持微微冒泡的狀態；旁邊準備好半冰半水的冰水浴。準備4個密封袋，裡面各塗上1茶匙橄欖油，各放入 1 顆去殼的蛋，扭緊袋口，為保險起見再多綁一條封袋細鐵絲。把袋子放入微滾的水中溫燙4分鐘，然後把袋子放入冰水浴中冰鎮，之後原封不動放入冰箱冷藏，等到要吃之前再拿出來回溫，只要把全袋放入溫水中90秒就好。

2 等到你準備好配料要做三明治時，奶油放入煎鍋以中火熱油，再放入洋蔥慢炒15到20分鐘，炒到焦香上色。加入去了皮的紅椒一起加熱，撒點鹽和胡椒調味，再灑一些醋提味。

3 英式馬芬塗上奶油烤香。

4 如果你的水波蛋沒有事先做好，現在就是你做水波蛋的時候，做法請按上述說明。炒好的洋蔥紅椒平均放在4份馬芬底座上，再放煮好的蛋（袋煮水波蛋應該輕易就能從袋子中滑出）。撒上鹽和胡椒調味，再放上馬芬的上半層就可以吃了。

Part
Three

蛋｜全蛋｜去殼烹煮
打散利用

的料理樹狀圖走到這裡已到了要討論「蛋液」的時後，也就是蛋去殼後全蛋打散的狀態。蛋黃濃郁多脂，蛋白有少量脂肪卻有作用強大的蛋白質，當它們攪散在一起，蛋就變成完全不同的東西，是個美麗的存在。但就像所有美麗事物，我們常不用心對待它，如蛋白蛋黃沒有打勻；或嚴重濫用，像是隨處可見的炒蛋。但其實蛋液也可以轉化成地球上最具靈性的創作。

蛋黃和蛋白聯手出擊，蛋就變成發電機，一種如發電廠般的食材。蛋液是了不起的工具，打發成泡沫就是蛋糕和快發麵包的發酵劑；加入液體食材拌勻再經過溫和烘烤，就會創造出質地口感如天堂般的卡士達。裹上麵粉的肉需要它的幫忙才能黏住麵包粉；烘焙食物與麵包在刷上它之後才有金黃色澤和脆殼。從麵包到義大利麵、從餅乾到可麗餅，蛋液讓所有麵粉為底的食物更豐富。

煎蛋炒蛋（乾熱法）

如何做出完美的炒蛋

炒蛋！不用腦筋的食物，不是嗎？但說這句話前要先想想。炒蛋也許是所有蛋料理中被大家做得最糟的烹飪手法了，就因為它是最常見的蛋料理，做不好就更顯不幸。蛋炒得太熟已經很糟糕，炒得太過頭、炒到老老乾乾的更糟糕。蛋要炒得完美，關鍵在於溫和火力，在我之前的書《輕鬆打造完美廚藝》中，我曾建議炒蛋要用雙層鍋以隔水加熱的方式來炒，所以蛋的溫度不會高於212℉／100℃。話雖如此，用雙層鍋還是有可能把蛋炒過頭的，只是用這個鍋可讓烹煮速度變慢，你比較好掌控。一旦你知道如何把蛋炒到恰到好處，最好能炒成又輕又滑的細緻凝乳，樣子就像溫燙卻未凝結的蛋，只要能輕鬆把蛋炒成這樣，你就晉級了，可以把蛋放入煎鍋直接在火上炒。你要用非常小的

火，整段時間小心注意，不時把鍋子從爐口上抬起放下調整火力，確保蛋不會炒得太快或太熟。

最好學習如何炒出適合自己的蛋——這種炒蛋可以讓人不能自己，心中想著：「這是我吃過最好吃的炒蛋了！」口中驚嘆著：「我從來不知道炒蛋也可以這麼好吃！」——而這樣的蛋是用雪平鍋來炒，還是用其他圓形鍋炒或雙層鍋隔水加熱來炒都已無所謂了。我炒蛋會用不銹鋼雪平鍋以隔水加熱的方式炒，如果你有不沾鍋，那就最好了，因為蛋到了一定的溫度就會沾鍋，把鍋子刷乾淨可是件苦差事。

炒蛋的份量是每人兩顆蛋，徹底打散。徹底打散的意思就是打到**完全均勻**。你可以用打蛋器打，用手持攪拌棒打，放入攪拌機裡打，只要把蛋打到好。你不會希望蛋裡的泡沫太多，

又不是在做蛋糕，但也不想看到沒有與蛋黃混和的蛋白。如果你使用電器設備來打蛋，泡沫到了要煮蛋的時候就會消散。

你可以在這時候撒上一點鹽先讓它融解，或者等到最後再放，使鹽味更加鮮明。

以下是炒蛋的準備工作：準備一鍋水讓它在爐上微滾著，需要一個炒蛋用的金屬鍋具（你也可以用康寧的玻璃碗，但傳熱效果會很慢），然後把蛋打到完全均勻。若你想增添其他風味，可以加入卡宴辣椒、黑胡椒、咖哩等調味料；或加入山羊乳酪、切達起司、松露奶油、橄欖油等脂肪；也可選擇蝦夷蔥、龍蒿葉、紅蔥頭、蘑菇等提香料與香草蔬菜。把這些東西準備好，但這些加了豐富配料的炒蛋和單純加點鹽、配吐司、用奶油炒出來的炒蛋其實一樣美好。我喜歡把事物簡化到最根本，將最根本的事情做好，才能向上累積。

炒蛋鍋具放在微滾的水上隔水加熱，同時間把麵包送去烤。在蛋裡加一撮鹽，攪幾下把鹽打散。在鍋裡加幾湯匙的奶油放在水上隔水加熱。奶油融化後，把蛋倒入，用矽膠抹刀翻炒。一開始炒蛋，翻拌動作要溫和且

充分，讓蛋與熱鍋互相調整熱度，如此炒30秒後攪拌頻率逐漸增加，蛋會開始凝固。請把剛凝結的蛋翻折到未凝結的蛋液中。這時候才把乳酪、煎香菇、紅蔥頭加進去（像松露或其他香草風味還要等一下）。現在只要將注意力放在鍋中慢慢凝結的蛋上。

持續翻，持續炒，只要你看到蒸氣冒起，出現一大片開始變熱的地方就要小心注意。請人幫你把吐司塗上奶油，把咖啡準備好，或把香檳的蓋子拔開。

持續拌炒，差不多炒到2/3的蛋凝固，1/3的蛋仍然黏稠會流動。把鍋子從熱水上拿開，但拌炒的動作仍然持續，要拌到蛋雖凝固，卻像裹著一層嫩滑的蛋液，到這程度就是剛好可上桌的時候。請注意，你把鍋子從熱水上拿開，並不表示蛋不會後熟，鍋中的餘熱會讓蛋持續熟成，所以趕快用塗好奶油的吐司接上，撒上蝦夷蔥、小塊奶油，還可撒點鹽之花和現磨黑胡椒。不管加什麼，請記得歡喜享用你剛做好的炒蛋。只要你做出裹著一層薄嫩蛋汁的細緻炒蛋，就可以改用直火炒出類似效果，建議用不沾鍋放在爐子上用小火炒，鍋子不時抬高放下以調整火力。你的人生會因為

炒蛋而無限美好。

之後，開始實驗你喜愛的風味。能夠和蛋搭配的風味都可使用，如香菇、洋蔥及洋蔥的近親（蝦夷蔥、青蒜、紅蔥頭），或新鮮現磨的白松露（我希望啦！）。唐娜喜歡在炒蛋裡丟幾塊起司或乳酪絲，像是溫和的

莫札瑞拉、微酸的羊乳酪、濃郁的切達乳酪或煙燻高達都好。據我所知，所有乳酪都可以搭配炒蛋，用得乳酪越好，蛋越好吃。只要炒出完美的炒蛋，要怎麼搭配只是個人口味。

RECIPE NO.26

••• 香草炒蛋 •••

4人份

綜合香料要用**清新美好的香草**來做，將同等份的巴西里、龍蒿葉、山蘿蔔、蝦夷蔥混在一起就是我喜歡的味道。我種了好多香草，全是柔軟、芬芳、香氣四溢的品種，但山蘿蔔多半活不過夏天。山蘿蔔的形狀好可愛，味道如龍蒿葉般細緻，所以如果山蘿蔔用完了，我就會多加一些龍蒿，事實上，只用龍蒿也可以。但我喜歡龍蒿、山蘿蔔加上蝦夷蔥的洋蔥味和平葉巴西里的清香，這樣的組合放在熱熱的蛋上香氣四溢且複雜。倘若你把它們加入蛋裡一起炒，清新風味就不見了，如果你真的想這樣做，可以在蛋上桌前再把一半的香草拌進去。強烈建議在賴床的早晨吃這道料理，來幾塊上好的奶油麵包和一杯香檳是不錯的搭配。

材料

· 1湯匙奶油
· 4顆蛋，打成均勻的淡黃色
· 1/4到1/2茶匙鹽
· 綜合香草末，將新鮮平葉巴西里、龍蒿、山蘿蔔和蝦夷蔥切成份量各1茶匙的香草末混在一起

做法

1　一鍋水以中高溫煮到微滾，同時準備搭配炒蛋的食物（吐司、咖啡、蒸蘆筍、香檳，要準備什麼就看個人口味）。

2　水煮滾後準備一個深鍋墊在水上加入奶油隔水加熱。等鍋子熱了，奶油也融化，就加入蛋液和鹽不斷翻拌炒成完美的蛋（做法請見p.97及其後的說明）。

3　蛋平均分到4個盤子上，每份撒上1茶匙的綜合香草末，做好請立刻享用。（雖然它也可冷藏，但炒蛋最好吃熱的，放涼再吃味道就不那麼好了。）

歐姆蛋

歐姆蛋Omelet最初是從拉丁文的「小盤子」（Lamella）衍生而來，通常都是一個個單獨做。很快地打一兩顆蛋，動作要快不間斷，打到蛋汁非常細，然後把打好的蛋倒入鍋中。在蛋還沒熟的時候，抓住鍋子的長柄，掌心朝上，把蛋從把手的這端推到鍋子的另一邊，希望……出現一個長長橢圓形可愛的蛋，淡得如此細緻，光滑得如此完美，黃得如此均勻。做歐姆蛋需要練習，就算失誤也好吃，若是成功更值得擊掌慶賀。

想要歐姆蛋看來更吸引人，就在蛋上放一點軟質奶油，讓它光滑油亮。如果喜歡，還可撒一些蔥末。但說真的，歐姆蛋就是外型優雅、身材勻稱的炒蛋。

說到美式的歐姆蛋，總會想到豐富內餡，如蘑菇、甜椒、火腿、乳酪，用的餡料總比蛋還多。人們吵著蛋裡該加奶油、水，甚或橄欖油。是可以

啦，但為什麼要加這些東西呢？歐姆蛋的簡約之美才是值得大家停駐欣賞的。所有的蛋，只要加一點奶油就夠豐富，其他就不用了。如果你能從朋友或附近雞農那裡拿到新鮮雞蛋和一些美味奶油，做個歐姆蛋配上一杯紅酒或者再來點現切熟食，就是一頓完美輕食。如果不相信，去讀讀《歐姆蛋與紅酒一杯》（*An Omelette and a Glass of Wine*）吧！看看伊莉莎白‧大衛[13]是怎麼寫的。

在不沾鍋還沒被我們做成這麼好之前，廚師會挑一只鐵鍋來養鍋，讓鍋面不沾黏，變成歐姆蛋專用鍋，並且絕不讓這只鍋碰到任何洗潔劑。我強烈建議家庭廚師找一只品質好、會好好照顧它的不沾鍋專門做歐姆蛋，畢竟家庭廚師的確有會沾鍋的風險，更不用說那些你在老派大廚中常會看到的歐姆蛋鍋具狂。

因為歐姆蛋非常單純，一有錯就看

譯註13：伊莉莎白‧大衛（Elizabeth David，1913-1992），影響英國家常烹飪及庶民飲食的美食作家。著有《法國鄉村美食》（*French Country Cooking*）、《府上有肉荳蔻嗎？》（*Is There A Nutmeg in the House?*）等8部雜文食譜。

得一清二楚。很多餐廳大廚在測驗功力時會要求學徒做歐姆蛋，因為做歐姆蛋的技巧會告訴大廚很多事，會揭露年輕廚師的細緻度與技巧純熟度。

如何做出完美的歐姆蛋

再次重申，我認為大家都該先學做最單純的歐姆蛋——只用兩顆蛋、一小塊奶油、一撮鹽，體會什麼才是真正的歐姆蛋。雖然我多半會加乳酪和蘑菇讓蛋更有趣更好吃，但最重要的還是了解基礎，配菜只是增色。

做歐姆蛋的方法如下：把蛋打入碗中，用打蛋器或攪拌器把蛋打到完全均勻，表面要看不到任何明顯蛋白。再撒上一大撮鹽，把鹽攪化。

準備一只不沾鍋，放在爐上以中火熱鍋，要熱幾分鐘則看你家爐子的火力。準備好你的耐熱橡膠鏟，盛蛋的盤子也先用微波爐熱一下。鍋子熱了就加入 1 湯匙奶油。奶油一入鍋會立刻融化冒泡但不能焦掉，趕快晃鍋用奶油潤鍋，接著倒入蛋液。

一面用鍋鏟攪劃，一面前後搖晃鍋子，要不停攪才能炒出質地細緻的滑蛋。大約30秒後停止動作，讓蛋稍微煎一下，大概要煎60秒左右，煎到只剩上層一片薄薄的滑嫩蛋膜。立刻將鍋子離火，蛋仍放在鍋中讓它後熟（畢竟你並不是線上廚師，一次要做出39份歐姆蛋）。鍋把朝向三點鐘方向，而你的熱盤子放在9點鐘位置（如果你是左撇子請顛倒方向），手由下往上握住把手，把鍋子傾向盤子慢慢倒，靠鍋鏟幫忙，最好讓歐姆蛋從前端滑出（你也許需要先把鍋子墊在砧板上稍微敲一下，蛋就鬆脫了，然後從蛋底下輕輕推，推到蛋可以滑動），把蛋捲起來翻到盤子上。這時鍋中熱度應該已把歐姆蛋熱熟了；雖然滑嫩但不會在盤子上汁液橫流。如果形狀不好看，請用手整形，讓它變成美麗整齊的歐姆蛋（請先洗手，從一進廚房就該不斷洗手，敲蛋時也是）。蛋現在的狀態應該還很柔軟，想把多出來的部分塞進去也該很容易。在蛋面塗上一些柔軟的奶油，融化時會讓歐姆蛋多一層柔亮光彩。如果手邊有鹽之花或莫頓海鹽也可撒一些，加些蔥末是食物增色的不二法門。

做好請立即享用。

歐姆蛋 *Omelet*

1　鍋子熱了，奶油融化了，就可以放蛋。

2　同時晃動鍋子也要用鍋鏟攪劃，一邊加熱，一邊把鍋子裡的蛋拌到底部出現柔嫩的蛋皮。

3　拌到這樣就可以停下來。當蛋出現一層薄滑蛋膜，就可以準備盛盤了。

4 把蛋捲起來滑到盤子上。請記得，蛋滑出鍋子後還可塑形。

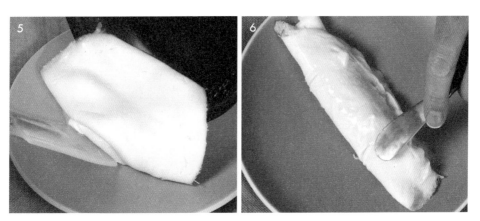

5 請注意歐姆蛋的顏色均勻淡黃，並沒有任何焦黃的地方。

6 依照個人喜好，替歐姆蛋塑形。

··· 羊肚菌歐姆蛋 ···

2人份

只用蛋做的歐姆蛋刷點奶油就夠好吃了，拿刀劃開，看到濃滑的乳酪流出來，好不開心。此外，歐姆蛋真的很適合把香煎蘑菇包起來做成可愛的小蛋包。所以這裡要做的就是：包著嫩滑羊肚菌醬料的細緻蛋包。當然用任何蘑菇都可以，可以用洋菇、香菇或其他野生蕈菇。我也喜歡把洋菇和龍葵菇煎一下，讓它們帶點顏色和風味再包起來。如果內餡很燙，廚師工作就輕鬆些，把熱騰騰的餡料包在蛋中間，蛋會更快熟。

如果你家附近就有羊肚菌的蹤跡，自己就能採得到，或者你知道哪裡賣的羊肚菌又新鮮又美味，那你真是太幸運了！我就沒有這樣的好運，但是羊肚菌很容易乾燥，很多網站都在賣（我們用的新鮮羊肚菌來自密西根一家很棒的公司Earthy Delights）。乾燥羊肚菌應依照包裝袋上的指示重新還原，然後對半切開按照下面食譜來做。羊肚菌和野生韭蔥是同個時節的菜，所以用野生韭蔥代替紅蔥頭也是另一種選項。請把韭蔥白色部分切細絲，然後和菇類一起煎，綠色部分切細末，最後一刻加在醬汁裡。

材料

· 2湯匙奶油，上桌前可再加

· 1湯匙紅蔥頭木（或6支野生韭蔥，做法如上述）

· 鹽

· 16個新鮮羊肚菌，對半切後備用（或15克乾燥羊肚菌，泡水發開）

· 現磨黑胡椒

· 1/2杯／120毫升鮮奶油

· 4顆雞蛋，均勻打散

· 1茶匙新鮮蝦夷蔥末（自由選用）

做法

1　1湯匙奶油放在小醬汁鍋中以中火融化，加入紅蔥頭末或韭蔥白色部分，撒一小撮的鹽（如果需要明確份量，就是1/4茶匙）。紅蔥頭末用奶油炒軟後加入羊肚菌用奶油炒香，撒一些黑胡椒。加鮮奶油，煮到微滾後把火轉小，讓它慢慢收汁，收到鮮奶油又濃又稠，完全附著羊肚菌。（鮮奶油若煮太久會出水，請千萬別這麼做。）煮好後鍋子離火。

··· Omelet with Creamy Morel Mushrooms ···

▲ 歐姆蛋的兩種擺盤好方法：一種是把醬料捲在蛋裡（左上和左下），一種是將醬料舀在蛋上（右）。

2　準備一個中型的醬汁鍋，把剩下1湯匙的奶油以中火融化。加入蛋液，依照p.100-101的指示做歐姆蛋。等到蛋固定了，表面出現濕潤的薄蛋膜，就可以把煎熱的羊肚菌醬料放在蛋皮中間。慢慢捲蛋，慢慢滑到熱盤子上。如果你喜歡，還可多加一些奶油在歐姆蛋上，撒一些香蔥末，加鹽和胡椒調味。歐姆蛋對切一半，將一半歐姆蛋放到另一個熱盤子上。做好請立即享用。

義式烘蛋餅 *Frittata*

1　Frittata是最簡單的蛋料理。只要在鍋中熟料中倒入蛋液，再把蛋餅煎熟即可，這裡用的熟料是馬鈴薯和洋蔥。

2　起司讓Frittata更美味。

3　用鍋鏟沿著鍋邊慢慢把Frittata鬆開。你可以把它倒扣在盤子上再放回鍋中再煎。而我喜歡的做法是把鍋子放入烤箱，把蛋烘凝固，然後直接倒扣在砧板上。

4　你想怎麼擺盤都行，加香草、酪梨或加更多起司都好。切片就可以吃了。

••• 義式烘蛋餅Frittata •••　　　　　　　　　　　　4人份

我第一次成功做出義式烘蛋餅，用的就是這道食譜。那時我還在念五年級，父母都在工作，我是家裡唯一的孩子，放學回家後常常做這道菜先墊墊肚子，等他們晚一點回家還可以一起吃晚餐。我依然記得我用來煎蛋餅的小小不沾鍋。一開始我只是把馬鈴薯切小丁，煎軟，倒入打好的蛋液，用中火煎到固定，倒扣到盤子上再把蛋餅送回鍋裡，上下全部煎熟就好了。蛋餅表面是斑駁的焦褐色，馬鈴薯和蛋卻很軟，我躺在我們小窩的地毯上，一面看兒童節目《吉里甘島國冒險記》（Gilligan's Island），一面吃著義式蛋餅，簡單、美味，又營養。

我現在會用一個較大的鍋子做大份量蛋餅給全家人吃，用鍋子倒扣反而比較麻煩。若要倒扣，可以把盤子蓋在蛋餅上方，很快地把蛋扣在盤子上再送回鍋裡。但是當蛋一面煎固定後，放入烤箱烘熟另一面才是最簡單的方法。無論用哪種方法做都可以，只是上桌時記得把蛋餅再倒扣在砧板或盤子上，讓焦褐的那面朝下。

Frittata其實就是義式歐姆蛋，你可以用其他你喜歡的食材來做。我在這裡做的蛋餅比我五年級做的蛋餅複雜一點，在煎香的馬鈴薯中加了洋蔥，蛋裡面又加了切達起司。我用這份食譜試做一份，切了一片給我的兒子詹姆斯，那時他正在切酪梨，我們倆都放了一點酪梨在蛋餅上，味道真是好極了。義式蛋餅真是變化多端啊！

材料

· 1顆小馬鈴薯，去皮，切成小丁（份量約1杯／225克）

· 2湯匙特級初榨橄欖油

· 鹽

· 1/2顆洋蔥，切成小丁（份量約1/2杯／100克）

· 6顆蛋，均勻打散

· 1/2杯／60克切達乳酪碎

· 新鮮現磨黑胡椒

· 2顆酪梨，去皮去核，切成小丁（自由選用）

做法

1　先預熱烤箱。

2　準備一個中型不沾平底鍋，放入馬鈴薯和橄欖油，以中火加熱，稍微拌炒一下，讓馬鈴薯全沾上油。均勻在食材上撒入一撮鹽。等馬鈴薯煎到稍微有些焦黃時，加入洋蔥再均勻撒鹽，等洋蔥煎軟，再把洋蔥和馬鈴薯拌在一起。

3　在中碗敲入蛋，加入乳酪碎和1/2茶匙鹽，磨幾下黑胡椒，開始打蛋，要打到全部均勻，乳酪碎都化開。打好的蛋液倒在馬鈴薯和洋蔥上，將火關到中火，晃動鍋子讓蛋液均勻散布，煎幾分鐘。煎到蛋餅邊緣凝固，要煎多久則看你家爐火大小而定。確定蛋餅沒有沾鍋，就把鍋子放在烤箱下層，烤一兩分鐘，烤到蛋餅全都固定，烤多久時間也是依據烤箱火力。只要上層熟了，就可以把蛋餅倒扣到砧板上，如果你有準備酪梨，可放上切好的酪梨塊。切片享用吧。

蛋／全蛋／去殼烹煮／打散利用

水波煮（濕熱法）

⋯ 丹尼爾・派特森的水波煮歐姆蛋 ⋯   1人份

蛋可做的變化如此多，加上價錢不貴，用來做實驗會有很多樂趣。好比，我把一些蛋放在家裡壁爐的熱灰中燜著，這是中世紀的技術。結果燜出來的蛋，又焦又黃，熟到不行，充滿硫磺味，但值得一試！

舊金山Coi餐廳的老闆兼主廚，天才洋溢的丹尼爾・派特森（Daniel Patterson）曾替《紐約時報》寫過一篇蛋的實驗，他把這道蛋做得如此淺顯易懂，讓我驚訝那居然不是常見的做法。這篇文章自2006年1月刊出後引起大眾熱烈討論，加上社群媒體對食物資訊的傳播力量，讓這篇文章流傳得更加迅速。

那時派特森厭倦吃一成不變的傳統炒蛋，他寫道：「然後有一天，我忽然想到料理蛋的新方法，那也許不是世上最新法子，但對我來說絕對是新的。這說法還有點嚇人。歷經20多年的餐飲生涯，我顯然未能全盤掌握蛋料理的基本功。我花了一些時間思考這問題，好奇心站了上風，我想：會發生什麼事情？如果我在蛋下水前先把它們打散會如何？我預計它們會像完整的雞蛋一樣很快結塊，但沒料想到竟是結成如此輕盈細緻的蛋塊，真是出人意料。我興奮得像回到我的老習慣，站在廚房就把它們吃了。」

要把蛋煮到如此細緻的質地，水煮歐姆蛋也許是最簡單的技巧。只要煮一鍋水，攪出一個漩渦，把打散的蛋液放進去，燙10到20秒再把蛋從水裡濾出來就好了。（派特森與包括我的其他人都建議煮蛋時要把稀蛋白先濾掉，這也是你在煮水波蛋時一定要做的事，詳情請見p.78。）打散的蛋做成的水波蛋無比鬆柔輕盈，事實上這種輕飄飄的質感才是主要樂趣之所在，所以我認為使用滋味豐富的配料就很重要了。我喜歡搭配好的橄欖油和松露鹽；或者用橄欖油與帕瑪森乳酪；鹽、胡椒和新鮮香草的組合也不錯。我的首席食譜測試員瑪琳・紐威爾（Marlene Newell）則渴望：烤片英式馬芬，加些切達乳酪，上面放上水煮歐姆蛋。

雖然濾蛋時會排掉大部分的水，但水煮歐姆蛋還是會抓住一些水，所以要盡可能地把水濾得越乾淨越好。我試過不同方法，都無法做得比派特森更好，所以這道食譜直接收錄他的版本。他的做法非常高明。

材料

- 鹽
- 2顆蛋，濾掉稀蛋白，打成均勻蛋液
- 1湯匙特級初榨橄欖油
- 帕瑪森乾酪碎少許

做法

1　2升湯鍋的鹽水煮到微滾，水裡的鹽要放足量（約1或2湯匙）。為了不讓蛋白沉底黏鍋，先用湯匙把水攪成漩渦狀帶起大量水流，再倒進蛋液。等到蛋浮到表面時，讓它煮20到30秒。之後用湯勺拖住蛋，讓水盡量流掉，再移到濾網中濾掉剩下的水。蛋放在碗中，搭配橄欖油和帕瑪森乳酪碎，如需要再放一點鹽就可以吃了。

··· 傳統蛋花湯 ···

4人份

派特森主廚的水煮歐姆蛋是成團撈起，這裡介紹的蛋花湯與他的做法不一樣，是將蛋打散後放入美味高湯中慢慢燙，讓它在熱湯中漂浮流動。我納入這道食譜是因為它美味、簡單、營養，用原本就已很好喝的雞高湯作湯底更是極品。所謂「原本就好喝」的意思是，這個雞高湯是你自己做的；或是朋友或家人做好、你偷偷借來用的；或從優良貨源買到的冷凍湯頭。蛋就這樣旋轉在美味湯頭裡變成好湯端上桌，我在這裡介紹的是中式傳統蛋「花」湯，這應該是更風行世界的料理。

根據華裔美食作家勞燕飛（Eileen Yin Fei Lo）在她的好書《中式廚房》（*The Chinese Kitchen*）中所寫的，在美國連蛋花湯都變得暗淡，弄了一堆不需要的勾芡，蛋花也變成老熟的蛋塊。她寫道：「在中國，蛋花湯是『如蛋花落下的湯』，還有比『落花』更美的形容？中國人取的名字望文生義，讓實際卑微渺小的事物都文采飛揚了起來。」所以這裡介紹的湯，回歸中式，使用新鮮美味的高湯，加上蛋，最後再加點青蔥做裝飾。要做多少隨你意思，但原則是每一人份是一顆蛋一杯高湯。關鍵在於蛋的正確質地，要做到如花般細緻，需在溫熱高湯中輕柔攪拌。

材料

· 1升美味雞高湯

· 鹽

· 2茶匙魚露（自由選用）

· 4顆蛋，打散備用

· 2支蔥，蔥白蔥綠都打斜刀切細絲

· 新鮮現磨黑胡椒

做法

1 高湯放入大鍋以中火煮到微滾，試吃後加鹽調味，攪拌再試試味道。味道要調到剛好，如喜歡可加入魚露。湯煮到滾後立刻轉小火（如果用的是電爐，鍋子須直接離火）。

2 用大湯杓把高湯攪出漩渦，把蛋汁倒入渦流中，輕輕攪拌讓蛋變成蛋花。

3 舀入湯碗中，加上蔥絲和現磨胡椒粉就可以吃了。

· ·

注意

如果要做味道更濃重的湯，可將青蔥先煎過，生薑切細末，大蒜用一些油泡著，加入高湯稍微煮過，煮到微微有些起泡就好，時間約需20分鐘。然後再將雞高湯濾到乾淨的鍋中，進行以上程序。

烘烤（乾熱法）

RECIPE NO.32

••• 瑪琳的培根香腸地層派 •••   6到8人份

Strata？地層派？我甚至不知道那是什麼？根據美國菜年報記載，這是一種千層鹹
派。直到我出身加拿大的首席食譜測試員瑪琳‧紐威爾吵著要在書裡放一道這樣的料
理，我才說，妳找一個殺手級的地層派來，我就放進去。這就是了，可厲害的！基本
上就是培根香腸做的洋蔥麵包布丁（或者做成淋在主餐上的配料，搭配烤大鳥吃一定
很棒！）。如果你有很多張嘴要餵飽，這道菜會是豐盛的早餐；要是你的客人剛進
城，這也是很棒的周末早午餐，因為它可以用昨天晚餐剩下的麵包來做，材料被奶蛋
醬泡著放在冰箱冰一夜，然後早上一面調著血腥瑪莉，一面從冰箱拿出來直接送去
烤。

就像法式鹹派，地層派吃冷的就很好吃，若回溫也很美味，所以可在一兩天前就做
好，等到要吃時再回溫。

材料

· 240克培根切片

· 240克散裝香腸

· 半顆西班牙洋蔥，切成中型丁狀

· 6顆雞蛋

· 1杯／240毫升牛奶

· 1杯／240毫升高脂鮮奶油

· 1茶匙芥末粉

· 1茶匙鹽

· 1茶匙新鮮現磨黑胡椒

· 1/4茶匙卡宴辣椒粉

· 7到9片隔夜的法式或義式麵包（份量需
  夠做兩層），事先切成1.5公分塊狀或片
  狀，烤過備用，不然就讓麵包放在外面
  乾燥一兩天

· 3杯／300克硬質乳酪碎（可用切達乾
  酪、Gruyere乳酪或Emmentaler乾酪）

做法

1 烤箱預熱到325℉／165℃。準備一個23×33公分的烤盤，塗上奶油後放旁備用。

2 準備大號的長柄鍋，放入培根片後加水蓋過肉片，放在爐上以大火燒煮。等到鍋中水分煮乾了，就可轉到中火把培根煎到金黃香脆。煎好後移到鋪了餐巾紙的盤子上瀝油，鍋中的培根油則保留煎香腸。一面煎香腸一面把香腸戳破弄碎，同時也將培根切成粗粒碎塊。等到香腸差不多都煎透了，加入洋蔥拌炒，約炒5分鐘，炒到洋蔥變軟。用漏勺將香腸洋蔥丁舀出來移入盤子和培根放在一起。

3 蛋、牛奶、芥末粉、鹽、胡椒和卡宴辣椒粉放入大碗或玻璃量杯中，用打蛋器或攪拌棒把材料打成均勻的奶蛋醬。

4 半數麵包塊在準備好的烤盤中平均鋪上一層，撒上一半的培根香腸洋蔥丁，接著是一半的乳酪碎，然後重複這樣的程序，最後將奶蛋醬倒在麵包層上。地層派可以直接送去烤，也可蓋上蓋子放入冰箱一天後再烤。烤的時間要45分鐘到1小時左右，要烤到中間是熱的，上層金黃動人。

5 趁熱切片就可以吃了，不然就放涼，放入冰箱冷藏吃冷的，或將冰過的地層派切成入口大小，放入烤箱以350℉／180℃的溫度回溫，烤過後再吃。

▲ 地層派其實就是鹹味的麵包布丁。奶蛋醬倒入麵包及其他食材上，放入烤箱烤到布丁凝固就是地層派。

···Marlen's Bacon and Sausage Breakfast Strata···

刷蛋水與蛋液

蛋液刷在食物外層有多方面的功用。無數東西都可以這樣做，包括刷在做洋蔥圈或天婦羅的麵糊上（身為深炸食物的粉絲，我在後續章節會詳加說明）。

而這裡談到的應用通稱「刷蛋水」。刷蛋水其實就是蛋液，通常還加入水或牛奶稀釋，如果你不想讓烘焙食品看來很乾，在表面刷一層蛋水是很好的解決方法。蛋水刷在麵團上就會有金黃閃亮的表面（請見p.139的猶太辮子麵包的做法）。蛋清中的蛋白質在烘焙後會變得光亮，蛋中的水分會促進澱粉糊化，也會增強光澤感，加上蛋裡的葡萄糖會產生褐變反應。而水、牛奶或鮮奶油加入刷蛋水中除了稀釋，也對褐變反應有些許貢獻。只含蛋黃的刷蛋水形成的光澤是深褐色的，但高溫烘焙則容易燒焦；倘若刷蛋水只有蛋白，光澤則清淡些，通常細緻的糕點才會刷蛋白，像是瓦片餅乾。

刷蛋水也會使食品表面帶有潮濕的黏稠感，乾燥的東西就容易沾黏。我父母以前很喜歡把雞肉裹上一層碎粒玉米粉，這點我完全無法忍受，我喜歡用panko，就是日式的粗粒麵包粉，它會讓炸雞表面形成一層酥脆外殼。話雖如此，也沒有理由說小麥、玉米或稻米的相關產品就不能做裹粉。

乾的東西會黏上濕的東西，濕的東西會沾上乾的東西，這是事物的天性。所以當你裹粉時，無論用什麼粉，最好等表面乾透，蛋液才容易沾上。麵粉是最傳統的裹粉，但你也可

以嘗試細的玉米粉，甚至⋯比方說好了，磨成粉的蝴蝶鹹餅。唯一一件我認為不該對蛋液做的事，就是調味。當然，你可以加進迷迭香或辣椒，但若要替任何東西裹粉，我只喜歡把調味料放進乾粉裡；而在濕料裡，我比較鼓勵加入液體的調味料，比如加是拉差醬或其他辣醬。但要怎麼做由你決定。我們這裡介紹的是廚藝學校標榜的「標準裹粉程序」，先用麵粉，再裹蛋液，最後在上麵包粉。

••• 香酥雞排 •••

4人份

這道食譜用的是我最不喜歡的肉,卻恰巧是美國家庭廚房最流行用的肉。雞胸肉並不是不好的肉,只是太瘦,幾乎沒味道,也很容易煮過頭,就像肉類世界的脫脂牛奶。美國人的懶惰和普遍恐懼脂肪已經使這塊熱門肉片以各種不同的錯誤理由烹煮著。

這是我唯一會用無骨去皮雞胸肉的料理法,也是讓它好玩又好吃的不二法門,讓香酥雞排內酥外軟又多汁。我把雞胸肉用保鮮膜包著用力捶打,讓它最厚的部分變軟,更重要的是讓雞排的厚度一致,如此,雞肉細薄尖細的那一端就不會煮過頭。

麵包粉就如屏障,藉由蛋的神奇力量沾附在雞肉外層,雞肉就能保持柔軟多汁,每一次都容易炸出完美的雞排。要將麵粉沾上肉,再裹上麵包粉,方法可說有百百種。我把麵粉和其他調味料(這裡用大量胡椒)放入塑膠袋,又搖又敲地讓雞肉裹上麵粉,然後把它們滑到裝了蛋液的廣口碗,麵包粉放在23×33公分烤盤上,就可開始裹粉。

食譜測試組組長瑪琳想讓粉漿風味更活潑,想在蛋液中放入第戎末醬和新鮮百里香葉。我喜歡額外加調味的想法,第戎醬雖然美味,卻擔心蛋液裡留有過多第戎醬,建議應該把肉直接用芥末及百里香先醃過,而不是放在粉漿裡。她照做了,效果出奇地好。任何軟質的肉都可用同樣方法調味,如豬肉排或排骨,做小牛肉或是煎魚時也可以這樣用(包括比目魚、鱈魚、白鱈、橘棘鯛)。請自行更動放在粉料中的調味料,可以改加 1 湯匙辣椒粉,或改成蒜鹽或洋蔥粉;不然改用1茶匙卡宴辣椒粉也很好。

材料

· 1杯/140克麵粉

· 1湯匙現磨黑胡椒或自選的調味料,如果要醃雞肉則要準備更多

· 2顆蛋,放在大碗中均勻打散(碗要夠大可放入雞胸肉)

· 1.5到2杯/162到220克日式麵包粉

· 4塊去骨去皮雞胸肉(對半切開)

· 鹽

· 2湯匙第戎芥末醬

· 1湯匙新鮮百里香葉

· 1/3杯/75毫升植物油,視鍋子大小再調整

· 4片檸檬切片,上菜時擺盤用(自由選用)

做法

1　首先將裹粉要用的粉料蛋液預備好。麵粉放入塑膠袋，加入胡椒粉或其他調味料，晃動一下讓調味料與麵粉均勻混和。旁邊擺好裝了蛋液的大碗，再旁邊是盤子或烤盤，裡面裝著一杯日式麵包粉，視需要可再多放。廚檯上還要準備鐵架，用來擺放裹好粉的雞排。雞排擺在鐵架上可以讓底部盡量保持乾燥，但是你也可以用烤盤、一般的盤子或烘焙紙。

2　雞胸肉上下各墊一張保鮮膜包起來，用肉鎚或煎鍋槌打肉塊，把肉槌到厚度大致一樣，在雞胸肉有脂肪的尖端部位需要特別加強。

3　在雞胸肉上隨意撒一點鹽，兩面也各撒一點黑胡椒。每片都抹上幾湯匙第戎醬，然後撒上百里香醃一下。

4　輕輕地把兩塊雞胸肉放入裝麵粉的塑膠袋，抖動袋子或雞胸肉讓兩面都沾上麵粉。沾勻後從袋子拿出肉片，抖掉多餘的粉料，放在廚用鐵架上。剩下的兩片肉也是同樣做法。

5　輕輕把一片沾好麵粉的雞胸肉放入蛋液裡，均勻沾上後拿起來，讓多餘的蛋液掉回碗中。埋入日本麵包粉中壓緊。用你乾淨的手左右搖晃裝麵包粉的盤子或鍋子，讓炸粉蓋到雞胸肉上，然後把肉片翻過來，另一面再壓緊，讓兩面都均勻沾上麵包粉。將肉片放到鐵架上。其他幾塊肉也是同樣的做法。

6　準備一個夠大的深炒鍋，容量要夠放入4片雞胸肉排（請見下方的注意事項），倒入6公厘深的油以高溫熱油。就在油熱到快要起煙時，將雞胸肉放入鍋中（請放遠一點，這樣油才不會爆到自己）。每一面都要煎幾分鐘，煎到金黃香酥，看來垂涎欲滴。一面煎雞排，一面準備乾淨的鐵架或在盤子上鋪餐巾紙。

7　煎好的雞排放在鐵架或盤子裡的餐巾紙上，先放幾分鐘再上桌。可搭配檸檬片，如喜歡直接把檸檬汁擠在雞排上也可以。

注意

如果你沒有可以容納4片雞胸肉的鍋子，請將烤箱預熱到250℉／120℃，把鐵架搭在烤盤上一起推入烤箱（雞肉放在鐵架上，下方的裹粉就不會弄得濕濕黏黏的）。你可以先將雞排放在鍋裡煎，看你的鍋子大小，能放多少放多少，然後移到烤箱加熱，時間不超過20分鐘（如果你打算這麼做，只要把雞排煎到金黃色就可移入烤箱，烘烤過程中雞排還會再熟一些）。你也可以把4片雞胸肉都煎好，放在烤箱中加熱，同時去完成餐點的其他部分。

蛋／全蛋／去殼烹煮／打散利用

黏著劑

RECIPE NO.34

••• 古巴風什錦肉丸 •••　　　　　30到40個肉丸（每顆約30克）

全蛋可作為黏著工具，肉丸就是完美的例子。我朋友安妮喜愛曼哈頓一家肉丸店，另個朋友內森愛上古巴燉肉picadillo，我受到他們的啟發，決定做個辣味的肉丸料理，用來說明蛋既是黏著劑又是增味劑的特色。這些肉丸因為放了墨西哥chipotle煙燻辣椒，味道刺激辛辣；加了胭脂紅樹子不但讓油帶有深紅色澤且散發些許苦味，正好可平衡洋蔥和甜椒的甜味。（胭脂紅樹子可以在墨西哥雜貨店或賣拉丁美洲貨品的商店或特產店找到，很多超市若貨源充足也可找到胭脂紅樹子。）這道食譜可做出4到6份正餐（只要把洋蔥放在胭脂紅樹子油中炒香，然後再加入米和湯汁燉煮，就可做出黃色米飯），在旁邊放上辣醬當沾醬，什錦肉丸也可是很棒的開胃小菜。

請注意胭脂紅樹子油會染紅廚檯和指甲，所以請在工作檯面鋪上大片烘焙紙，做了美甲的小姐們也要戴上手套用勺子替肉丸塑形。無粉乳膠手套價格便宜，取得方便，切辣椒時也可以戴上。

材料

- 1/4杯／60毫升植物油，可多準備些作為煎炸油
- 3湯匙胭脂紅樹子
- 1個中等大小的紅甜椒，去籽切成小丁
- 1個中等大小的西班牙洋蔥，切成小丁
- 4瓣大蒜，切末
- 2茶匙鹽
- 1/3杯／60克去籽切碎的橄欖末
- 1/4杯／30克酸豆末
- 2條泡在adobo醬汁中的Chipotle辣椒，去籽切末備用
- 450克牛絞肉
- 450克豬絞肉
- 1顆雞蛋，打散備用
- 麵粉，當裹粉用
- 辣椒醬，當沾醬用

做法

1 在小醬汁鍋中放入油和胭脂紅樹籽，以中火熱油，熱到油微微冒泡，就將火溫轉為中小火持續燒5分鐘，把紅油煉出來。

2 紅油濾到深炒鍋，以中高溫加熱，加入紅椒丁、洋蔥丁、蒜末，然後撒上1茶匙鹽。開始翻炒蔬菜，炒1到2分鐘後將火轉到中小火，炒15分鐘左右，要炒到很軟。將蔬菜和所有剩下的油一起移到盤子上放涼，然後包上封膜放入冰箱冰20到30分鐘，直到完全冷卻。準備一個大號的工作碗，放入冰好的洋蔥紅椒、加上橄欖碎、酸豆末、chipotle辣椒末、牛絞肉、豬絞肉和蛋，還剩下1茶匙的鹽也撒入，然後用手攪拌，或者把攪拌機安上槳型攪拌棒，用攪拌機絞打，但請注意攪得越兇，肉丸煮後就黏得越緊。

3 在淺盤中放一些麵粉，把肉捏成高爾夫球大小的丸子，裹上麵粉，抖掉丸子上多餘的麵粉。準備一個大型長柄鍋，在鍋中倒入2公分的油，用大火熱油，油的高度應該要到肉丸的一半。油熱了後，把肉丸放下去煎，只要位置夠放不會太擠，可盡量放多一些。煎的時候讓它們在油裡翻動，要煎到肉丸每一面都呈現漂亮的金褐色，大概要煎7分鐘左右。把煎好的肉丸移到鐵架或鋪著餐巾紙的盤子上瀝油，再繼續把剩下的肉丸煎好。

4 可搭配辣醬一起上桌。

卡士達或奶蛋醬

　　毫無疑問，卡士達是雞蛋最至高無上的變形。就如烤布蕾，一個普通的香草卡士達，卻是質感的奇蹟，湯匙上微微顫著，味蕾上細緻的口感；或如又大又厚的法式鹹派，湯瑪斯‧凱勒描述地恰到好處，那是最性感的派，那種絲滑如緞，是5公分烤環烤出來的驚喜。在派殼或烤環裡的卡士達像是另種質感體驗：是一種喜悅，來自卡士達的滑潤口感和香脆酥殼的對比。真正油潤的法式鹹派與香甜的香草卡士達是一種感官享受。

　　卡士達可甜可鹹、可厚可薄，吃法有自己立著的，也有被派皮托著的。材料可以只有蛋黃，如烤布蕾；也可以只有蛋白，如義式奶酪panna cotta。蛋白主要的構成物是蛋白質，卡士達因此站得非常穩固，這讓以全蛋製成的卡士達竟可以切來吃；而只用蛋黃做的卡士達卻是滑潤黏膩，甚至無法將它們從烹調器具中完整地拿出來。

　　卡士達也是一種工具，是一種連結油脂和風味的黏合劑。最棒的麵包布丁就是將麵包泡在美味奶蛋醬裡然後送去烤。若用奶油、肉桂、糖和香草就能做成甜味的卡士達，淋在麵包布丁上當配料；或者要做鹹的也可以。去年的感恩節，我負責做淋在主餐上的配料（我們已經很久沒有在火雞肚子裡塞內餡了），我用蛋和火雞高湯做成卡士達，然後把它倒在放了一天的麵包上，就是精采美味的澆頭。

　　卡士達有一個簡單的配方比例，2份液體對1份蛋。每個重約60克的大號雞蛋，對上雞蛋兩倍份量的液體，然後攪拌和其他材料混和，這就是基本做法。

••• 經典法式鹹派 •••

10到12人份

當1970年代我還年輕時,法式鹹派開始出現在美國中西部,很快的,法式鹹派被譏刺為娘娘腔的食物。那是法式料理剛開始進入美國家庭廚房的時候,真多謝茱莉亞·柴爾德及過去十年間法式餐廳在紐約市流行起來而帶來的改變。但很多東西一經翻譯便失了真義。波菜沙拉搭配培根油醋醬是中西部老鄉唯一能再造法式經典frisée aux lardons(萵苣培根沙拉)的方法。我們做法式鹹派一定要用派皮托著,以致於鹹派都做得太薄而喪失某種深度樂趣。

直到幾十年後,我和湯瑪斯·凱勒和傑佛瑞·吉傑若(Jeffrey Cerciello)一起做《Bouchon》這本飲食書,我學到了法式鹹派的所有可能。它只不過是雞蛋派或稱酥皮派,但只要做到適當厚度,就會極度誘人。再次強調,所有的關鍵都在於如何以雞蛋的力量改造加入的材料。

在法國最基本的派是「洛林鹹派」(Quiche Lorraine),材料只加培根和洋蔥,如果你堅持鄉土路線,就不要放乳酪。另外常見的還有「佛羅倫薩鹹派」(Florentine),就是加了菠菜的鹹派。我在這裡為了炫耀鹹派的多樣性,用了臘腸、洋蔥、烤甜椒,但換成任何你喜歡的配料也是可以的,只要用5公分環狀烤模或蛋糕烤模來烤就可以了(唉~如果用活動脫底烤模會漏的~)。我把鹹派當作蛋糕看待,麵團壓進鋪了烘焙紙的蛋糕模,所以就算派皮真的漏了,依舊有個厚實滑的鹹派。這道食譜的麵團份量適合23公分的模具,還會剩下很多可當補丁,如果你需要的話。若你的蛋糕模只有20公分,就會剩下很多麵團,可以把它冰起來以後再用,或把派皮的材料份量以重量來算減少1/3。如此就有一些奶蛋糊會多出來,你可以用大烤盅將它們分開烤熟(需要烤20到30分鐘)。

派皮材料

· 3杯/420克麵粉

· 1杯/225克冰奶油或結凍奶油,也可用豬油或起酥油,或其中的任何組合,切成小塊

· 1/2茶匙鹽

· 1/4到1/2杯/60~120克冰水(水分多寡取決於油的種類,奶油內含水,所以你只需要幾盎司;起酥油和豬油不含水分,因此需要更多)

鹹派材料

- 用來炒料的植物油
- 225克西班牙紅臘腸chorizo，切成中丁
- 1/2顆西班牙洋蔥，切小丁
- 3茶匙鹽
- 1顆紅椒（橙椒或黃椒也可以），火烤後，去皮去籽，切成中丁（烘烤紅椒的方法請見下方的注意事項）

- 2杯／480毫升牛奶
- 1杯／240毫升高脂鮮奶油
- 6顆蛋
- 1茶匙鹽
- 1/2茶匙新鮮現磨的黑胡椒
- 肉荳蔻，用香料研磨棒磨5到6下
- 2杯／170克切達乾酪碎

做法

1 派皮的做法：麵粉、油脂、鹽放入攪拌碗中，用手指一面攪拌一面把油脂捏成小塊，大小要和豌豆差不多。徐緩加入冰水，然後是鹽，溫和攪拌一下，只要把材料適當混合就好。如果你攪拌得太多太兇，麵團會變硬。如果你想多做一些，可以把攪拌機裝上槳型攪拌棒，用攪拌機來打。但請注意，加了水之後就別攪太久，只要混合就好。把麵團推成圓形，用保鮮膜包好，送入冰箱冰至少15分鐘，最長可冷藏24小時。

2 這個麵團用做其他料理時可直接生烤，像是蘋果派（這裡的份量足夠做一個有蓋有底的雙層派皮）。但對於法式鹹派或其他用較濕麵糊做成的派來說，就需要把派皮先烤好，這程序也稱為「盲烤」。

3 先將烤箱預熱至325℉／165℃。再將23公分的蛋糕烤模或環狀烤模鋪上烘焙紙。把麵團擀成6公釐厚的圓形，擀好後用擀麵棍提起，拎到鋪好烘焙紙的蛋糕模上攤開，把麵團壓進模具，要壓到底（可利用麵團剩下的廢料壓麵團，這樣你的手指就不會在壓時弄破麵團）。

4 盲烤派皮的做法：你需要準備重的東西填入殼裡，這樣派皮底部才不會翹起一顆顆的圓形突起。重石就是特別做來這麼用的，但鋪一層鋁箔紙，加上一磅乾豆子或專為盲烤準備的米粒，一樣可以把派皮烤得很好。在派皮裡鋪上一層烘焙紙，加入重石或豆子烤20分鐘。時間一到就拿掉烘焙紙和重石或豆子，繼續再烤10到15分鐘，烤到外殼金黃香酥，烤到透。烤好後，讓它完全放涼。

5 法式鹹派的做法：在煎炒鍋中放2茶匙植物油以中火熱油。熱了後加入西班牙紅臘腸煎幾分鐘，煎熱後把臘腸移到墊有餐巾紙的盤子上。原來留有臘腸油的鍋子加入洋蔥丁拌炒，加入一大撮鹽，炒10分鐘，把洋蔥炒到軟。再放入烤過的甜椒稍微拌勻就好（甜椒不需再炒熟了），然後把炒好的菜移到放有臘腸的盤子上。餡料可在一天前做好，外殼部分也可事先做好，不管是生的麵團或經過盲烤的派殼都是如此。

6 烤箱預熱至325℉／165℃。派皮盲烤時若有破口，都可用剩下的生麵團修補。把烤好的派皮放在烤盤上。

7 準備一個大號的液體量杯或攪拌碗，放入牛奶、鮮奶油、蛋、鹽、黑胡椒、肉荳蔻，用手持攪拌棒拌出泡沫。這道程序也可以用直立式攪拌機來做，看你的攪拌機大小，也許需要分兩批來做。或者你也可以把材料放在大碗中用打蛋器來打，如此就要先打蛋再加其他材料。概念是材料需放兩層，泡沫的作用是讓材料懸浮。

8 先將半數臘腸菜餡鋪在派殼內，倒入一半起奶泡的奶蛋糊，再撒一半乳酪碎。然後把剩下的臘腸餡料鋪下去，再把剩下的奶蛋糊打一打讓它起泡，全部倒入派殼內。（你也許想把鹹派烤盤一起推入烤箱，所以把奶蛋糊一股腦倒入派中，這樣才能在派中吃到每一滴精華。你甚至可把餡料蛋糊倒到滿出來，好讓鹹派發到最高。）將剩下的乳酪碎撒在派上，送入烤箱烤1.5小時，烤到鹹派中間固定（也許需要花到2小時，但請千萬別把派烤到過熟；鹹派的質地應該是當你把它拿出烤箱時，中心部分還會輕輕搖晃。）

9 烤好後拿出放涼，然後用保鮮膜包好放入冰箱，冰到完全冷卻。冷藏的鹹派最長可保存5天。

10 鹹派脫模與盛盤方式：請拿刀沿著模具邊緣劃開派皮的最上層，用手撥開，再慢慢拉著烘焙紙，讓鹹派從蛋糕模具上脫下來。如果用烤環烤，只要一邊鬆脫了，就可以慢慢從底部把鹹派壓出去。

11 鹹派可以切片吃冷的，也可吃熱的，請把鹹派切片，烘焙紙或鋁箔紙稍微塗點油，放上鹹派送入350℉／180℃的烤箱烤15分鐘；不然就用保鮮膜包好，用微波爐加熱1分鐘。

. . . .

注意

甜椒火烤去皮的方法：直接將甜椒用瓦斯爐火烤到表面全部焦黑。你也可以將它們對半切後用小烤箱來烤，請記得將切面朝下，一樣烤到焦黑。烤好後，放入紙袋或碗裡，包上保鮮膜放涼。之後用流動的水沖掉甜椒烤焦部分。使用時，請去梗去籽，切成小丁備用。

法式鹹派 *French Quiche*

1 用擀麵棍捲起麵團攤在鋪了烘焙紙的蛋糕烤盤或環狀烤模上。

2 用麵團廢料將派皮麵團按入烤模的邊角。

3 豆子放在鋪了烘烤紙的模具上送去烤,烤到一半時拿掉烘焙紙和豆子,讓派皮烤好。

4 一半的臘腸餡料鋪在派殼裡,再倒入一半起了很多泡沫的奶蛋糊。

5 將剩下的臘腸餡料輕柔地舀入起泡的奶蛋糊中。

6　奶蛋糊再打出泡沫填入派皮中。

7　新鮮剛出爐的法式鹹派。放涼後放入冰箱冷藏。

8　鹹派完全冰涼後從模具中取出。也可以把鹹派倒過來脫模。

9　可以加熱整個鹹派，大家分來吃，或切片吃，冷熱皆宜。

10　鹹派冷的吃就很好吃，但我最喜歡吃熱的。

11　鹹派配上沙拉，就是無限滿足又健康的一餐。

••• Chawanmushi •••

••• 茶碗蒸 •••

本書主要食譜測試員馬修・茅原（Matthew Kaya hara）說茶碗蒸就是可愛的鹹味卡士達，他住在安大略，是英-法語譯者。馬修花了很多公餘時間在餐廳當學徒，然後回家練廚藝，因為他的祖父是日本人，馬修特別在意日本料理。這道菜有雞、有蝦、有香菇，每樣食材都陷在輕盈的卡士達裡。它可作為可愛的前菜，也可當成一餐輕食。茶碗蒸利用足夠的蛋液在上層凝結，卻如此彈嫩易碎，入口即化，底下清澈的湯汁幾乎就像法式清湯。

一如炸蝦天婦羅（做法請見p.190），這道食譜也用日式清湯dashi，就是用昆布和柴魚片做成的萬用日式高湯。也用了一點清酒，因為用量很少，並不需要買太貴的酒，除非餐中也會喝。馬修每天都會用到的最愛是「白鶴大吟釀」，這是可以喝的清酒，價錢也合理。這道料理還要用到醬油，如果你能找到日本淡色醬油（薄口醬油），請用這種。

材料

- 60克雞腿肉或雞胸肉，切成1公分丁狀
- 1茶匙清酒
- 1湯匙又1茶匙醬油
- 4隻小蝦或2隻大蝦，去皮去蝦泥備用，若用大蝦請對半切
- 少許香菇片，每一碗都需要（可用金針菇、舞菇、香菇，視需要切成一口大小）
- 2顆蛋
- 1.5杯／360毫升日式高湯（做法請見p.190）
- 2茶匙米酥
- 1/2茶匙鹽
- 半支蔥段，打斜切成蔥絲。也可用4支西洋菜小葉莖，用於最後裝飾
- 檸檬皮碎少許，用於最後裝飾（自由選用）

做法

1 雞丁放入小碗，以清酒和1茶匙醬油醃15分鐘，然後濾乾。

2 準備4個120或150毫升的烤盅，將雞丁、蝦子、香菇分別放入。

3 蛋敲入中碗打到滑順，加入高湯及1湯匙醬油，還有米酥和鹽，攪拌均勻。蛋汁平均分到4個碗盅裡，並都蓋上鋁箔紙。

4 準備一個大鍋，要大到可裝入4個碗盅，在鍋中放入鐵架或蒸籃。放入足量的水，水要達到鐵架的高度，先用大火把水煮開。只要水滾了，就把火關到中高溫。放入碗盅，蓋上蓋子，蒸15到17分鐘，蒸到蛋液固定但仍可晃動，裡面的雞丁和蝦子也都熟透。小心拿掉碗盅上蓋的鋁箔紙，撒上蔥絲或西洋菜葉。蓋上鍋蓋再蒸1分鐘，把辛香料蒸到萎掉。蒸好後就可拿出碗盅，如果喜歡可磨些檸檬皮碎，立即享用。

••• 焦糖布丁 •••

4人份

這是我最喜歡的甜點，以簡潔優雅為人稱道。只要把糖很快煮成焦糖，倒入小碟冷卻，讓它變成像糖果一樣硬。然後倒入卡士達隔水加熱。奶蛋液由液體變固體，也同時把硬化的焦糖變成香甜糖漿，就這樣從小碟中溢出，從布丁的四周流下。焦糖布丁可以事前做好，又容易端上宴客，成為晚宴最棒的甜點。通常會用個別烤盅一個個準備好，但也可以用大烤模做個家庭號的布丁，這就是年輕時的湯瑪斯·凱勒做來待客的版本。那是1980年代初期，凱勒還在紐約哈德遜河谷的La Rive餐廳當主廚時候的事，十年後他才到加州，在納帕河谷開French Laundry餐廳。

我喜歡焦糖布丁的簡單，堅持單純就是美的風格，我愛只有香草味的奶蛋醬，雖然你也可以加入其他提香料，就像我做義式薑橘奶酪時一樣（請見p.238）。如果你想要更濃郁的卡士達，請把一半的牛奶換成半脂鮮奶油（half-and-half）。

焦糖材料

· 半杯／100克糖
· 2湯匙水

卡士達（奶蛋醬）材料

· 2杯／480毫升奶
· 4顆蛋
· 半杯／100克糖
· 1支香草莢刮下來的香草籽，或2茶匙純香草精
· 1/4茶匙鹽

做法

1　焦糖的做法：小鍋內放入糖與水，以中火將糖煮化，當糖水開始出現淡褐色時，才開始輕柔攪動砂糖（雖可攪動，但動作一定要輕，否則糖會反砂結晶煮不化）。煮到糖水滾燙起泡，立刻離火冷卻，這時請評估顏色及熟度。準備4個烤盅，大小為120或150毫升皆可；焦糖醬平均倒入烤盅內，杯中焦糖高度需有3公厘，放到完全冷卻變硬。

2　烤箱預熱至325℉／165℃。

3　準備一個大烤盤，放入烤盅再加水，水量加到烤盅的3/4。先移走烤盅，把有水的烤盤放入烤箱加熱。

4 奶蛋醬的食材混和均勻（攪拌工具可以用打蛋器、手持攪拌棒或桌上型的攪拌機，但是用打蛋器最好，因為不會打出太多泡沫）。奶蛋醬平均分入4個烤盅，然後放在水盤在烤箱隔水加熱，要烤30到40分鐘，烤到卡士達幾乎凝固，中間仍會晃動。烤好後，移到鐵架上放涼，涼了之後包上保鮮膜，放入冰箱冰至少數小時，冰到完全冷卻。

5 等到要吃時，把布丁和烤盅黏接的地方用刀尖劃開，反扣倒在盤上，即可享用。

RECIPE NO.38

••• 基本麵包布丁（法式吐司）•••

麵包布丁其實就是泡在卡士達醬裡的麵包，然後送去烤。請記得卡士達的基本配方是1份蛋對2份液體。有了這份簡單美味的配方，你就可以好好利用吃剩的麵包，可以做成鹹的，就如澆在感恩節主菜上的配料；也可做成甜點。麵包布丁最適合用剩下的猶太辮子麵包（Challah，見p.139）和布里歐許（brioche，見p.138）來做。而法國吐司其實在本質上是同樣一種東西，都是泡著卡士達醬的麵包，然後用奶油或油來煎。

這道料理就看你有多少麵包可做，又要做給多少人吃。每一人份需要1杯／90克隔夜麵包塊和170克的卡士達醬（一人份的材料為：1顆蛋、1/2杯／120毫升的牛奶或半脂鮮奶油、1到2湯匙糖，加上要加入的風味，如香草或柑橘皮碎）。如果要做鹹的，則不要加糖，牛奶換成高湯，醬中添加的風味也換成炒洋蔥。做好後倒入麵包丁中浸泡，最後再撒上乳酪碎。

⋯ 酒香布里歐許麵包布丁 ⋯

6到8人份

這款經典的麵包布丁是帶酒味的美味變形,需要用一整條油脂豐富的布里歐許麵包。

材料

- 1.5杯／360毫升高脂鮮奶油
- 1杯／240毫升牛奶
- 1/2杯／120毫升波本酒
- 6顆蛋
- 11/4杯／250克紅糖
- 1茶匙純香草精
- 1茶匙肉桂粉
- 1/2茶匙肉荳蔻粉
- 1/4茶匙鹽
- 卡宴辣椒粉少許
- 10杯布里歐許麵包丁(每顆寬度約2.5公分),放隔夜或放在溫度200℉／95℃的烤箱中烤乾

做法

1 烤箱預熱至350℉／180℃。

2 準備一個大的攪拌碗,放入麵包丁以外的所有材料,用打蛋器打到均勻混和。

3 麵包丁加入奶蛋醬中一面翻拌一面按壓麵包,讓麵包吸收更多奶蛋醬。拌好後讓它浸泡1小時。

4 準備一個23公分的方形烤盤或標準吐司模,先在烤具內塗上奶油。奶蛋麵包全部壓入烤模中。

5 放入烤箱烤1小時,烤到牙籤刺麵包中心拿出來是乾淨的。上桌時可搭配英式鮮奶油(請見p.221)或你最喜歡的冰淇淋。

••• 杏仁辮子麵包法式吐司 •••

4到8人份

無論你是否浪費，如果你沒有剩下的猶太辮子麵包（challah），那就是做得不夠多！請把剩下的辮子麵包用鋁箔紙包起來拿去冰，但它有更好的用法，請直接切厚片，放在外面乾燥一整夜，然後泡在美味的卡士達醬中（這裡用的材料比例是蛋和液體1:1），然後用煎的，就可以做成好吃的早餐。因為煎完要放入烤箱完成烹煮程序，如果家人正餓著，這就是很容易應付的一道菜。你當然可以用奶油或楓糖漿厚厚塗在法式麵包上，但如果你想做特別豪華的版本，我建議搭配烤杏仁、發泡鮮奶油和簡單的櫻桃醬。

材料

- 3/4杯／180毫升半脂鮮奶油
- 3顆蛋
- 2湯匙櫻桃白蘭地
- 2湯匙糖
- 1茶匙純杏仁精
- 1茶匙肉桂粉

- 肉荳蔻粉少許
- 鹽少許
- 6到8片辮子麵包，切成2.5公分的厚片，放在外面乾燥一夜或放入溫度200℉／95℃的烤箱烤到乾
- 植物油，煎麵包時使用

- 櫻桃醬（做法配方請詳下頁），當配料用
- 3/4杯／180毫升發泡鮮奶油，鮮奶油打到硬性發泡，當配料用
- 1/2杯／54克烤杏仁片，當配料用

做法

1 烤箱預熱至325℉／165℃。

2 準備一個廣口攪拌碗，放入半脂鮮奶油、蛋、櫻桃白蘭地、糖、杏仁精、肉桂粉、肉荳蔻粉和鹽，用打蛋器攪打均勻。

3 辮子麵包放入奶蛋糊中，一面浸泡5分鐘，然後翻到另一面再繼續浸泡。

4 準備大號的煎鍋以中火熱鍋，倒入植物油潤鍋。麵包可以分批煎，把切片麵包從奶蛋糊裡撈出來放鍋中，每一面煎3分鐘左右，煎到金黃焦香，然後放入烤盤。

5 麵包全部煎好後，送入烤箱烤10分鐘。

6 搭配熱的櫻桃醬、發泡鮮奶油及烤杏仁一起吃。

••• 櫻桃醬材料 •••

2杯／480毫升

材料

- 2杯／250克甜櫻桃，去核並剖半
- 1/4杯／50克糖
- 1/4杯／60毫升又2茶匙的水
- 鹽少許
- 新鮮檸檬汁少許
- 1茶匙玉米粉
- 2湯匙櫻桃白蘭地

做法

1 櫻桃、糖、1/4杯的水、鹽放入小鍋中，以中高溫煮到微滾。加入檸檬汁再煮幾分鐘。

2 玉米粉放入小碗中，加入剩下的2湯匙水，拌成芶芡水。將芡汁倒入櫻桃醬中，用火煮20到30秒，煮到醬汁變濃，離火。倒入櫻桃白蘭地中攪拌。

3 醬汁倒在法式吐司上趁熱吃。

蛋／全蛋／去殼烹煮／打散利用

增味劑

RECIPE NO.41

••• 19世紀蘭姆麥酒菲麗普 •••

1人份

菲麗普雞尾酒（Flips）的發明者可能是英國水手；基本上就是把麥酒（ale）、蘭姆酒和糖混合在一起，而flip的意思是指冒出很多泡沫。曾有文獻描述這些菲麗普酒之所以熱滾滾，是因為在酒裡插入一根燒到火紅的火鉗子就會冒出泡沫了。後來加入蛋的做法來自19世紀傑瑞·湯瑪斯（Jerry Thomas）的書《如何調酒》（*How to Mix Drinks*）。今天的菲麗普都是以雪莉酒為基底，且一杯酒就可當一餐，招待客人冷熱皆宜，但我比較喜歡喝熱的。除了加入個人喜愛的香料，我只用了調味麥酒，這種酒在冬天假期時到處都買得到。這裡放的配方只是一杯菲麗普的份量；如果你要做給很多人喝（你也應該這樣做），請用桌上型攪拌機。

材料

· 85毫升聖誕麥酒或南瓜麥酒
· 55毫升深色蘭姆酒
· 1顆蛋
· 香菜粉少許（或用香菜籽，用剉刀磨細），或生薑粉少許（自由選用）
· 柑橘皮碎（自由選用）

做法

1　麥酒、蘭姆和蛋放入大杯，用打蛋器或手持攪拌棒混合均勻。也可以像當年傑瑞·湯瑪斯的做法，用兩個大杯把酒倒來倒去。用微波爐加熱40到50秒（也可以放入燒到滾燙的火鉗子）。依個人喜好加入少許香草粉或生薑粉，還可磨一些柑橘皮碎放進去。

Part
Four

蛋｜作為食材
麵團與麵糊
的關鍵

當我寫美食相關文章，都像是接近神的旨意。我寫過《美食黃金比例》（*Ratio*），這本書聚焦在基本料理操作上，包括麵包、蛋糕、高湯、卡士達、醬汁，關鍵都在於食材比例，食材沒有比例，就失去了食材的意義。也就是說，你不該考慮美乃滋裡要放多少咖哩，而是留意油和水以及蛋黃的比例，是怎樣的食材比例才使美乃滋成為美乃滋。麵包要放酵母菌才會發酵，要放鹽才有風味，但關鍵在於麵粉和水的比例。你要在馬芬裡加入什麼風味都可以，蔓越莓、巧克力碎片或胡桃都好，重要的是馬芬本體的結構，這需要等重的麵粉和液體加上上述食材一半重量的雞蛋和奶油。這基本上就是鬆餅麵糊，無論要加香蕉或藍莓，只要把它倒在熱燙平板加熱，而不是放在馬芬烤杯裡。後來我了解到，如果你把鬆餅麵糊倒在玉米粒或花生豆上，果子裹上麵團下去油炸，就變成炸果條（fillter）。如果在炸果條麵糊裡多加一點液體，你就有了可麗餅麵糊，而不再是做馬芬、鬆餅、炸果條的麵糊。

所以在我的腦海裡，這些東西可以讓我說個20分鐘，一路從厚實的麵包麵團談到稀薄的可麗餅麵糊。因此我了解，這些料理在本質上都是相同的東西，只是含水量不同，這是所有廚師都該了解的重要事實。當然，中間也有小差異，最值得注意的是油脂的用量。例如，我用在馬芬或快發麵包上的油脂就比鬆餅多。而炸果條要用大量的油脂去炸，就不需要在麵糊裡加入油脂，所以炸果條麵糊只是液體-蛋-麵粉的組合。而在整個麵團麵糊集合物中，蛋扮演著關鍵角色，地位重要到我必須以一整章說明在「麵粉-液體類」食物中蛋的存在功能。

做蛋沙拉、班乃迪克蛋或煎蛋三明治，雞蛋很明顯是重要角色；但當它藏在各類料理中，並不明顯得見，蛋的角色也同等重要，立即的效果就是誘人與驚奇。例如，猶太辮子麵包若沒有放蛋就不是辮子麵包，可麗餅麵糊若沒有放蛋就是做義大利麵的麵糊。

我打算從麵團討論到麵糊，從質地厚實說到麵體稀薄，所以就從偉大的蛋麵包開始說起。

布里歐許麵包和辮子麵包是完全不同的麵包，也就是說因為雞蛋和油脂讓它們不一樣。布里歐許麵包用的是全蛋，辮子麵包用全蛋或只用蛋黃都可以，添加雞蛋的功用在於使麵團濃厚有味，拿掉雞蛋就變成完全不同的麵包。布里歐許麵包有柔彈的孔洞，是因為麵團裡加入油脂，油脂阻止麵筋生成，結果就有了像蛋糕一樣的麵包。辮子麵包用的油脂比較少，所以比布里歐許有咬勁，需要撕開，而不是把它折斷或裂開。每一種麵包的做法都很簡單，因為是最基本的食物，基本材料包括：麵粉、水、鹽、酵母、雞蛋和油脂。傳統的布里歐許需用豪奢的奶油，但也沒理由說你不能用橄欖油等其他的油，或者像我最近的企畫《猶太雞油寶典》（*The Book of Schmaltz*），煉雞油用也是可以的，這些都會做出精采美味的布里歐許。

食材與工具

RECIPE NO.42

••• 布里歐許麵包 •••

1條／900克的麵包

這個麵包是為我女兒而做，她兒時非常喜歡布里歐許柔軟濃郁的口感。我的配方是拿美國廚藝學院的課本《新專業主廚》（*New Professional Chef*）當範本，這本書不但是我信任的，也是我衷心揣摩的（除了書中食譜要求5磅麵粉、26顆蛋、3.5磅糖，這對家庭廚房不甚友善，而且還要求新鮮酵母，就連這項我都不再用了[14]）。在我們家，布里歐許麵包是聖誕節早上的主食，剩下的麵包就冰起來，等下個禮拜慶祝新年的時候再切片塗鵝肝醬來吃。如果還有多的，就擺在外面風乾，用來做很棒的法式吐司（請見p.131）或麵包布丁（見p.130）。

材料

· 1/4杯／60毫升牛奶

· 1/4杯／75克蜂蜜

· 1茶匙／7克速發乾酵母

· 3杯／420克麵粉

· 6顆蛋

· 1/4杯／50克白糖

· 1/2茶匙鹽

· 1.5杯／340克奶油，切成12塊，放室溫備用

做法

1 牛奶、蜂蜜、酵母放入攪拌機的鋼盆中，先把酵母拌到融化，然後加入1/4的麵粉，用鉤形攪拌器拌合均勻。然後靜置1小時，讓混合物先發酵。

2 再加入蛋、糖、鹽及剩下的麵粉，攪到麵團成形，鋼盆邊上沒有麵團殘留。

3 一面攪拌一面加入奶油，一次一塊分批加入，攪到全部混合，變成光滑柔軟的麵團。攪拌盆用保鮮膜包好，看當時廚房溫度讓麵團再發酵2到4小時，發到體積變成2倍大。

4 拿出麵團放在撒了麵粉的檯面上，揉壓麵團，把麵團裡的空氣壓出來，同時也讓酵母菌重新分布。麵團放入模具中塑形（模具從做陶罐派的陶罐到傳統的麵包烤模都可以用），用保鮮膜鬆鬆的包好，放入冰箱冰一整晚。

5 到了烤前1到2小時，才把麵團從冰箱拿出來。烤箱先預熱到350℉／180℃，讓麵團烤45分鐘，烤到外殼香酥金黃，中心熟透（用烘焙用溫度計測量內層溫度需達200℉／95℃）。

作者註14：現在的速發乾酵母（instant dry yeast）品質已經非常好了，大多數的麵包師傅都使用它。我較喜歡的牌子是Red Star或SAF，這兩個品牌的速發酵母比活性乾酵母（active dry yeast）的活性還要稍微強一些，可任選一種品牌使用，因為它們的效果都差不多。

••• 辮子麵包 •••

在眾多美味麵包中，辮子麵包是很容易在家動手做的一種。它美麗的顏色、質地、風味都來自雞蛋，而且是全蛋。用的油脂雖不似布里歐許那樣多，但也放了不少。我喜歡放入的油是傳統猶太雞油（schmaltz），就是用雞脂肪和雞皮加入洋蔥一起熬出來的油，在阿什肯納茲猶太人（Ashkenazi Jewish）的飲食中一直有使用雞油的傳統（傳統上在安息日和一年兩次重要節日都會使用這種油），而辮子麵包就是出自此處，猶太雞油讓辮子麵包的風味很有深度。而我的第二選擇是奶油。麵團需要在烤前一天做好，放了一天才有較好的風味。如果你想做節慶用的六股編結大麵包，就必須把材料的重量秤好（你應該知道怎麼做），然後再乘以2。我會說明如何做三股編結的麵包（請看p.140-141的照片說明），網路上也有很多影音照片示範如何編出更大的麵包。

材料

- 3.5杯／490克麵粉　　・1/4杯／50克糖　　・2湯匙蜂蜜
- 1湯匙／21克速發乾酵母（如果你揉麵團和烤麵包的日子都在同一天，速發酵母則需要3湯匙／63克）
- 7顆蛋　　・1/4杯／60克奶油或猶太雞油，室溫下放軟備用
- 1湯匙鹽　　・2湯匙芝麻籽或罌粟籽，作為裝飾（自由選用）

做法

1 攪拌機裝上揉麵團用的攪拌勾，在鋼盆中放入麵粉、糖、蜂蜜、酵母和6顆蛋，用中速先把食材混和。陸續加入奶油和鹽，總共要拌8到10分鐘才會把麵團拌好。拿出麵團放在撒上麵粉的工作檯上用手再揉1分鐘，創造更多層次。先把碗抹上一層植物油或橄欖油，把麵團放入碗中。

2 用保鮮膜把碗包好，放入冰箱冷藏發酵一夜。或者你想當天做當天烤，就把麵團蓋好讓它在室溫下發酵幾小時，但這樣發麵，體積不會發成兩倍大。

3 發好後，再把麵團移到撒上麵粉的工作檯，一面揉一面把空氣壓出，也讓酵母重新分布。麵團平均分成3份（一份約300克，請秤重確保準確度），然後壓整成長方形。蓋上毛巾讓它靜置鬆弛30分鐘。

4 接著揉整麵團。請將長方形由上往下折，用你的手掌底部壓緊開口，持續折壓，直到麵團變成粗短的圓條狀。然後將麵團搓長，滾成31至36公分的長條。

5 編三股的辮子麵包要從中間開始編。先將3條麵團平行放在檯面或放在烘焙紙上。從中間為起始點，將上方那一條交叉橫過中間那一條，再把底下那一條交叉放到中間，也就是一直交叉放到中間位置。就是這樣上條到中間，下條到中間，輪流交叉編完這一半，到了尾端，把三股麵條捏在一起。

6 然後把麵團轉一個方向，另一邊同樣如此做。將最後剩下的蛋均勻打散，在麵團上刷上蛋水，將麵團再發1小時，蛋水留著備用。

7 烤盤或烘焙石放入烤箱預熱到350℉／180℃。

8 麵團再刷一次蛋水，就把它搬到烘焙紙上，再連同烘焙紙一起移到烤箱裡的烤盤或烤石上，烤40分鐘烤到透（用烘焙用溫度計測量內層，溫度需達200℉／95℃），顏色要烤成燦爛的金褐色，表面閃閃發亮。烤好後讓麵包靜置放涼至少30分鐘才能切。

RECIPE NO.43

⋮⋮⋮⋮ 辮子麵包 *Challah*

1 麵團發好後倒在撒了麵粉的工作檯上，一面揉一面把空氣壓出，也讓酵母重新分布。

2 麵團分成三等分，揉整成長方形。

3 麵團由上往下折2-5公分，用掌邊壓緊開口，持續折壓，直到變成粗短的圓條。

4 　麵團滾成31至36公分的長條狀，平行放在砧板或烘焙紙上。

5 　從中間開始，將上方麵條交叉橫過中間麵條，然後把底下那條交叉放到中間，如此
　　交叉重複。

6 　尾端的麵團捏在一起，再把麵團旋轉180度，把另一半麵團編好。

7 　在麵團上刷上蛋水。刷好後隨意撒上芝麻籽或罌粟籽。

8 　麵包完成後質感應該柔軟濃郁，金褐色的外殼十分好看。

義大利麵麵團 *Pasta Dough*

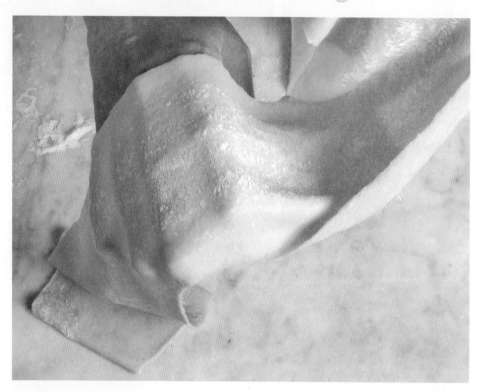

RECIPE NO.44

••• 義大利麵 •••

4人份

無需諱言，自己做義大利麵比打開包裝抓出一把丟入滾水要費時費工。但外面的乾燥義大利麵，甚或是店裡賣的「新鮮」義大利麵絕對和你自己在家做的不一樣。更別提如果你喜歡做菜，自己做麵條還有很多樂趣。就像手工美乃滋，你就是買不到像在家裡做的美乃滋，要自己動手做，光這個理由就夠了。況且如果你事先想好，把工作檯整理好，讓一切井然有序，自己做一點也不難。自己做義大利麵不只味道更好，你也可以切出自己想要的形狀，可切成如長帶的緞帶麵fettuccine、寬版的鳥巢麵tagliatelle、扁平的義大利餃或是千層麵。我曾經替某位主廚工作過，他會把一大片煮好的義大利麵捲起來，四周圍上鮮奶油做成甜點，一份一份切來吃，就好像在吃墨西哥玉米捲。

義大利麵的材料可以只有麵粉和水，但是在配方中加入全蛋就有風味上的驚喜。麵粉需要水生成麵筋，有麵筋才有彈牙咬勁，雞蛋本身就有足夠的水分可以完成這任務。所以再次強調，強烈建議食材一定要秤重。但你絕對可以自行調整麵團密度，如果太厚實就多加一點水；如果太稀黏就多加一些麵粉。但請避免前者，因為比起在濕麵團中加入麵粉，把水加在硬梆梆的麵團中較難均勻混合。

這再一次證明，雞蛋會讓普通麵粉成為人間美味。而且坦白說，用什麼麵粉都無所謂。因為對手工麵條的飢餓感總能把我從憂鬱中一棒打醒，在我家總是隨時準備著中筋麵粉，這就是我用的麵粉。但要是你能買到義大利00號極細麵粉，那就太棒了。想試試高蛋白的杜蘭小麥硬質麵粉？大膽去做吧！你會找到各種不同的食譜，但是追根究柢還是要說到基本比例：以重量計，3份麵粉對上2份蛋。若有廚用磅秤，這件事則能輕易解決；如果沒有磅秤，請記住每份麵需要滿滿的1/2杯麵粉對上1顆蛋。我有義大利壓麵機，但我發現120公分長的擀麵棍是最簡單、最迅速、最俐落的擀麵方法；當然也可以用標準擀麵棍。請記得麵團要擀得越薄越好，因為煮麵時，麵條會膨脹變厚。

材料

· 2.5杯／350克麵粉　　· 4顆蛋

做法

1　麵粉和蛋放入攪拌碗中，拌到蛋完全混入麵粉。攪拌到可以揉麵的時候，把麵團倒在工作檯開始揉麵，揉到麵粉變成麵團，且逐漸圓潤光滑（這過程需要花上10分鐘，可說是廚師版的超覺冥想修煉）。麵團揉整成2.5公厘薄的長方形，蓋上廚用毛巾，在室溫下靜置發酵20分鐘，也可用保鮮膜包起來放入冰箱冷藏發酵，最多可放一天。

2　麵團切成3份，用製麵機壓擀。或如果你有擀麵棍，請上網在眾多影片中搜尋擀麵方法。靜態照片無法呈現你需要的技術，擀麵時需要像外壓擀伸展麵團，需要耐心，因為麵團會抗拒（好消息是這件事會最後才出現），如需要請讓麵團靜置鬆弛。

3　做好的麵團可隨意切成想要的形狀，放入燒開的鹽水中煮熟，依照麵體形狀大小煮3到5分鐘不等。

義大利麵 *All-Purpose Pasta*

1　做義大利麵最簡單俐落的方法是用秤，先把蛋秤好再加入足量的麵粉中。

2　理想義大利麵團的食材比是「蛋：麵粉＝2：3」（例如，200克蛋和300克麵粉）。

3　我開始在碗裡揉麵，因為傳統上把麵粉圈成一個井再加入蛋的方法，只要碰到蛋滿出來，就會弄得一團亂。

4　只要蛋拌入麵粉中，就把麵團倒在工作檯上。

5　麵團往內揉（因為有蛋黃所以很黏）。

6　繼續揉10分鐘，揉到麵團光滑不黏手。只有時間才會帶來可愛的質感。

7　麵團切成3份。

8　用壓麵機的最大口徑將每一份麵團都壓過。

9　麵皮分成3份往內折，使它與壓麵機的最大寬度相吻合，用最大口徑再壓一遍。
　　3片都如此。

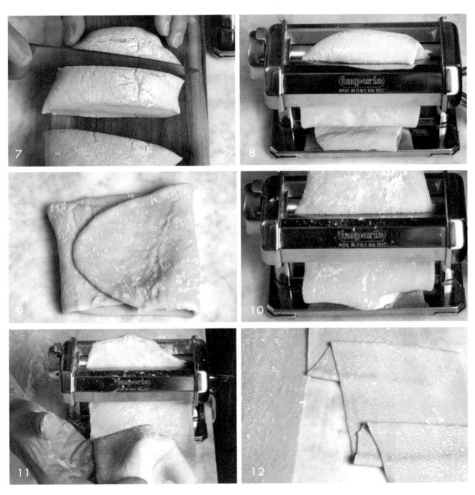

10　持續壓麵，每次都縮小一段口徑。

11　由於麵皮會變得越來越薄，為免沾黏必要時可再加麵粉。

12　現在可以把滾好的麵團切成你要的形狀。

··· 蛋黃義大利麵 ···

多年來寫主廚故事，替主廚寫書，也不時在廚房裡做菜流連，我發現大腦會捕捉某些奇怪的資訊片段然後一直卡在那裡。主廚湯瑪斯·凱勒在義大利旅行時，曾在皮埃蒙區的餐廳廚房工作，在那裡他學會可自動封口的精巧義大利餃agnolotti──牧師帽餃子。但是卡在我腦海的是凱勒的說明，他表示，每位主廚都想看看他在1公斤麵粉中放入多少蛋黃。一般的共識是30個。在這裡我提供更簡單的比例，麵粉：蛋黃＝1：0.75，加上橄欖油以緩解黏性。因此如果你用磅秤量出麵粉重量，再乘以0.75就是蛋黃需要的重量；或者把蛋黃的重量先量出來，再乘以1.33就是麵粉重量。

麵團只放蛋黃就會做出濃郁美味的義大利麵，特別適合做成義大利方餃或牧師帽餃，甚至只是切成普通長麵條再拌一些美味橄欖油味道就很好。根據主廚麥可·西蒙（Michael Symon）和馬克·維特立（Marc Vetri）的說法，不像全蛋麵團，蛋黃麵團只需要揉一下就好，只要揉到混合成團。但擀麵時就一定要用擀麵棍，因為擀麵棍就像另類的揉麵工具。我覺得蛋黃麵團很乾，比較碎，不需要額外準備麵粉或玉米粉防止沾黏。但做這類麵團多取決環境，請用常識判斷狀況。如果你買得到義大利00號極細麵粉，請用這款麵粉來做，但中筋麵粉也可以用。

材料

· 1.5杯／210克麵粉

· 8到10顆蛋黃

· 1湯匙特級初榨橄欖油

做法

1　所有材料放在碗中拌在一起，然後倒在工作檯上揉麵，只要揉到全部混合就好。把麵團捏整成1公分厚的長方形，蓋上毛巾，靜置20到30分鐘。

2　麵團切成一半，用壓麵機最寬的口徑壓擀數次，然後一次一格依序遞減持續壓擀，直到倒數第二個口徑就可停止。然後隨意切成想要的形狀。

3　鹽水煮滾煮麵（鹽水的鹹度必須吃得出味道），依據麵體形狀大小，需煮3到5分鐘不等，煮到麵變軟即可。

··· 義式檸檬圓餅乾 ···

在這裡我要把蛋拿來做這種小西餅。蛋黃讓餅乾麵團有濃郁的風味，蛋裡的水分讓麵筋生成，讓餅乾吃起來不像酥餅那種酥鬆的口感，反而類似蛋糕的質地。這裡做的不是本身就有甜味的餅乾，甜味來自最後塗上的檸檬糖霜。

餅乾材料

· 1/2杯／100克糖粉

· 1/4杯／60克無鹽奶油，室溫下放軟

· 半顆檸檬的檸檬汁與皮碎

· 3顆蛋

· 2杯／280克麵粉

· 2茶匙泡打粉

· 1/4茶匙鹽

糖霜材料

· 2.5杯／250克糖粉

· 1/4杯／60毫升新鮮檸檬汁

· 1顆檸檬皮碎

做法

1 烤箱預熱至350℉／180℃。

2 攪拌機裝上攪拌槳以中高速混合糖、奶油、檸檬皮碎，攪拌約5分鐘，攪到成為鮮奶油狀。攪拌速度降到中速，一面攪拌一面加蛋，一次一個分次加入，最後放檸檬汁。

3 麵粉、泡打粉（如果結塊先過篩）、鹽放入小碗，攪拌均勻。然後把拌好的乾性食材加入奶蛋糊中一起攪拌，攪到麵團成團。麵團顏色會呈現淡黃，也有黏性。

4 烤盤鋪上防沾烤墊或烘焙紙，用兩支湯匙交互刮動替麵團整形，然後把黏呼呼的麵團丟到烤盤上。可用茶匙或湯匙，做出茶匙大小或湯匙大小的圓餅乾。每個餅乾間要相隔5公分，因為麵團會再擴散一些。

5 送入烤箱烤10到12分鐘，烤到餅乾變成淡褐色就要拿出來，放在鐵架上放涼。

6 做糖霜的方法：糖粉、檸檬汁和一半的檸檬皮碎放入小碗中拌勻，用打蛋器打到糖完全融化。糖霜的質感應該類似膏狀，當你把打蛋器從碗裡提起來時，糖膏會像絲帶一樣垂下來。

7 餅乾放涼後，抓著每一塊的邊緣去沾糖霜，只要碰到最上面就好。沾好後放在鐵架上讓多餘的糖霜滴落。趁著糖霜還軟沒有固定，把剩下的檸檬皮碎撒在餅乾上。

··· 柏林花圈餅乾 ···

我的助理艾蜜莉亞可說是真正的餅乾獵犬，她送給我這道食譜。我發現這道點心一定要用到全蛋及2顆白煮蛋的蛋黃，我從來沒在其他地方看過這種做法。來自挪威的柏林花圈餅乾（Berlinerkranser）是酥脆鬆軟的餅乾，用蛋黃增添濃郁感，烤之前再捲成緞帶狀。

材料

· 2顆完熟白煮蛋的蛋黃

· 2顆蛋，蛋黃蛋白分開備用

· 1/2杯／60克糖

· 1杯／225克奶油，切成大塊放室溫軟化

· 鹽少許

· 2杯／280克麵粉

· 七彩糖珠或糖粉，裝飾用

做法

1 烤箱先預熱至350℉／180℃。

2 白煮蛋的蛋黃過篩壓成泥放入攪拌機的鋼盆中，接著加入生蛋黃和糖。攪拌機裝上攪拌槳以中高速攪打5分鐘，將材料打成光滑輕柔的乳霜。

3 一面攪拌一面將1/4的奶油加入蛋糊，拌開後就加入鹽，剩下的奶油和麵粉輪流放入，持續攪拌直到拌成緊實的球，這會是非常厚實的麵團。

4 麵團刮到保鮮膜上，壓成長度有25公分，寬度10到12公分，厚度為1公分的長方形。上面用另外一張保鮮膜蓋好，緊緊包起來，放入冰箱冷藏，時間少則 1 小時，長可過夜。

5 麵團斜切條狀，每條寬約5公厘，再將圓條滾成寬5公厘，長約15公分的長條。再把每根長麵條繞一個圈，兩邊尾端交叉。烤盤墊上2張烘焙紙或不沾烤墊，放入餅乾，餅乾與餅乾間相隔5公分。

6 在餅乾上刷上蛋白撒上糖珠，烤12到15分鐘，烤到顏色稍微金黃就可拿出來放在鐵架上放涼。

••• 乳酪泡芙（起司球）•••

24顆泡芙

乳酪泡芙是奶油泡芙或巧克力泡芙的鹹版（有關巧克力泡芙請參考下一道食譜）。小小起司球在品酒會中傳來傳去，大家想都不想就抓起來放入口中——啊！嗯～～怎麼這麼好吃！確實，在眾多偉大的雞蛋表現形式中，這些小創作絕對能計上一筆。雞蛋統合了廚房裡的基本食材，也就是奶油、麵粉、水，將它們轉變成如空氣般輕盈的小驚奇。根據專業烘焙師在推特上的說法，把蛋拿掉，無疑只剩發射彈——「投射時會致命」。

除了結果優雅，乳酪泡芙的做法簡單且獨特，一開始麵粉必須在水和奶油中煮過，然後才把蛋打入，拌成「麵團-麵糊混血兒」才送去烤，結果就膨脹了！這麵團也可拿去炸，也可用水煮，每一種都是奇妙結果。

這裡我們只做泡芙球。1份水和半份奶油煮到小滾，倒入和奶油等重的麵粉攪拌。此時麵粉吸收水分逐漸糊化，同時也因為奶油而起酥（也就是，奶油阻止麵筋形成，麵粉就變成又酥又鬆）。其次，將蛋拌入麵糊中，蛋黃帶來濃郁，當麵團烘烤時蛋白在最後散開捕捉蒸氣。這就是基本的泡芙麵團，用擠花袋擠成球狀，在極熱烤箱裡脹開，當水膨漲成蒸氣時，麵團就爆開了。外層有一層酥殼覆蓋，內層卻如奶油狀（因為澱粉糊化，蛋白裡的蛋白質固定）。如果持續膨脹，結果就是美味的泡芙。

有沒有更簡單的製作方法？擠花袋擠出球狀後，把它們冰凍起來，當你要吃時，再送入烤箱。

再來就是如何添加風味？乳酪泡芙可加入乳酪增味，多半用Gruyère、Emmentaler、Comté等乳酪。做過成千上萬顆乳酪泡芙的主廚舒娜・費雪・萊登（Shuna Fish Lydon）就認為，因為泡芙是法國甜點，應該要用法國Comté乳酪。我認為，因為我們身處號稱大融爐的美國，加一點帕馬森乾酪、切達乳酪混合搭配也是不錯的。如果你想走到這一步，請將乳酪醬用擠花袋擠入泡芙孔洞中。（有關乳酪醬的做法，請參考p.64「鵪鶉蛋香脆夫人」莫奈醬的做法，只要把莫奈醬材料中麵粉份量增加幾湯匙就好了。）

材料

- 1杯／240毫升水
- 1/2杯／110克奶油
- 1/2茶匙鹽
- 1杯／130克麵粉
- 4顆蛋
- 1杯／120克Gruyère乳酪碎（或用上述其他乳酪）
- 1/2杯／50克帕馬森乾酪碎

做法

1   烤箱預熱至425℉／220℃。烤盤墊上烘焙紙或不沾烤墊，放旁備用。

2   水、奶油、鹽放入小醬汁鍋以高溫煮到沸騰，奶油融化就加入麵粉。將火轉到中小火，持續攪拌30秒，拌到麵粉成團。然後再持續攪拌30秒。

3   拌到麵團漲到最大，就將麵團放到攪拌缸中，將攪拌機裝上槳型攪拌器以中高速攪拌，一面拌一面一次一個分次加入雞蛋。或者你也可把麵團留在醬汁鍋中不要拿出，直接把蛋一次一個以木杓迅速攪入麵團中。加入Gruyère乳酪碎和一半的帕瑪森乾酪，拌到完全混合。

4   麵團裝入擠花袋，使用1.25公分的擠花嘴。或裝入堅固的塑膠袋，在邊角處剪出一個1.25公分的洞。在準備好的烤盤上擠出4公分的球，每個需相隔2到5公分。若有滴下來的麵團，請用手指沾水將它抹乾淨。在每個麵團球上撒一點剩下來的帕瑪森乾酪碎。生泡芙可以這樣直接拿去冷凍，凍住後可倒進塑膠袋冷凍儲存長達一個月。等到要烤之前，你也可以再加乳酪。如要現烤，現在就可送入烤箱。

5   烤10分鐘後，溫度降到350℉／180℃再烤25到30分鐘或更多，烤到內層熟透（你可能要犧牲一個泡芙確知烤的熟度）。請盡快食用。

••• 泡芙塔夾香草冰淇淋搭配巧克力淋醬 ••• 24個甜泡芙／8人份

甜泡芙球就是甜版的乳酪泡芙。我用牛奶代替水，糖代替鹽，當然如果你想增加風味，也可以在牛奶中浸泡一些香草莢。

甜泡芙配上香草冰淇淋和巧克力醬是法式小酒館的傳統甜點。因為泡芙大多中空，通常填入鮮奶油，做成奶油小泡芙。再用焦糖把泡芙費工夫疊成一個塔，這樣的結構稱為croquembouches，也就是泡芙塔。

就像上述做泡芙麵團時提到的，你可以數星期前就先把生泡芙用擠花袋擠好冰凍起來，到了最後一刻即時就上，這是帶來無窮歡樂的甜點。如果追求純手工自做，請全力以赴，做出香草冰淇淋（請見p.224）和鏡面巧克力（p.178）。或者便宜行事，把熱滾滾的鮮奶油倒在同等份的巧克力碎上，等幾分鐘後，打成均勻光滑的巧克力醬。

材料

· 1杯／240毫升牛奶

· 1/2杯／110克奶油

· 1湯匙糖

· 1杯／130克麵粉

· 4顆蛋

盛盤與裝飾

· 12 顆甜泡芙　· 1杯／240毫升香草冰淇淋（見p.224）

· 1杯／240毫升鏡面巧克力（見p.178）

做法

每個泡芙從中間切一半，中間夾冰淇淋。每盤各放3個半顆做底，把冰淇淋舀在泡芙上，放上上面3個半顆，最後再把巧克力醬淋在泡芙上。

做法

1　烤箱預熱至425℉／220℃。烤盤墊上烘焙紙或不沾烤墊，放旁備用。牛奶、奶油、糖放入小醬汁鍋以高溫煮到沸騰，奶油融化就加入麵粉，將火轉到中小火，持續攪拌30秒，拌到麵粉成團，然後再持續攪拌30秒。

2　拌到麵團漲到最大，就將麵團放到攪拌缸中。攪拌機裝上槳型攪拌器以中高速攪拌，一面拌一面把蛋一次一個分次加入。或者你也可把麵團留在醬汁鍋中不取出，直接把蛋一次一個加入鍋中，以木杓大力拌攪直到完全混合。

3　麵團裝入擠花袋，使用1.2公分的擠花嘴。或用堅固的塑膠袋裝好，在邊角處剪出一個1.2公分的洞。在鋪好烘焙紙的烤盤上擠出4公分的球，每個需相隔2到5公分。若有滴下來的麵團，請用手指沾水將它抹乾淨。生泡芙可以這樣直接拿去冷凍，凍住後可倒在塑膠袋裡冷凍儲存長達一個月。如要現烤，請將烤盤推入烤箱。

4　烤10分鐘後，就將溫度降到350℉／180℃再烤25到30分鐘或更多，烤到內層熟透（你可能要犧牲一個泡芙才知烤的熟度）。請盡快享用。

••• 香脆馬鈴薯煎餅 •••

4人份

泡芙麵團其實就是加了蛋的熟麵球，最棒的用法是加入剩下的馬鈴薯泥，搖身一變就成了既不像泡芙、也不像馬鈴薯泥的馬鈴薯煎餅，這真是讓人震驚。此時泡芙麵團的作用是連結劑與發酵劑，再一次多謝蛋有捕捉蒸發水氣的功能。如果你常常做馬鈴薯泥，總是吃不完有剩下的，就可以把這道馬鈴薯煎餅當成家常菜。請用等量的薯泥和泡芙來煎，我喜歡煎得非常脆的，所以在煎之前會兩邊都拍上日式麵包粉。但你不這麼做也可以，我只是喜歡這種酥脆對比的口感。我的食譜測試員瑪琳・紐威爾求我把香草和起司放進去以增添香氣。好啊！求我啊！

材料

- 1杯／240毫升馬鈴薯泥
- 1杯／240毫升泡芙球（請見 p.149，配方減半）
- 鹽
- 2支蔥，蔥白蔥綠一起切末，或以4湯匙蝦夷蔥末代替
- 1/4杯／30克切達乾酪碎（自由選用）
- 1杯日式麵包粉
- 植物油，煎餅時使用
- 鹽和現磨黑胡椒

做法

1 馬鈴薯泥和泡芙拌在一起，加鹽調味，如有用蔥和起司也在此時加入，拌到均勻混合。隨意整成餅狀，上述材料應可做成8個7.5公分的煎餅，將上下兩面都裹上日式麵包粉。

2 在大煎鍋裡倒入深約6公釐的油，以中高溫熱油。油熱了就把煎餅分批放下去煎，煎到底部呈現好看的褐色，翻面再煎，煎到兩面顏色差不多。把煎餅放在鋪了餐巾紙的盤子上瀝油，用鹽和胡椒調味，立刻上桌享用。

蛋糕與蛋

網路上有很多無蛋蛋糕，是啦，你可以只用化學發酵劑創造空氣孔洞，或用很多現代科技固定泡沫做出蛋糕狀的海綿。但是蛋糕之所以是蛋糕，就是因為有蛋，麵粉和水分只會做出麵團；麵粉和蛋才會做出蛋糕。蛋糕的確是最基本的料理，加上有電動攪拌機的幫忙，更是最簡單的料理。當然蛋糕的甜味來源多半是糖，但你也可以加入你喜歡的各種風味，加入香草、杏仁等其他萃取物或可可粉。如果想增加濃郁口感，可加奶油，若不講究則用油。還有某些乳酪蛋糕和巧克力蛋糕完全省略麵粉，只用蛋、油和糖。總而言之，蛋是必不可少的原料。

在這裡我只聚焦基本蛋糕，也就是雞蛋重要性毋庸置疑的蛋糕。但重點放在這些蛋糕上也有其他原因：在家庭廚房中，它的地位已差不多被盒裝蛋糕粉取代了。食品加工廠在20世紀初開始製作只要「丟下攪一攪」的速成蛋糕，因為裡面已經加了蛋粉，你

要做的只是倒水而已，但此類產品並不熱賣。沒多久到了二次大戰後，食品加工業迅速發展，市場行銷人員發現，速成蛋糕不賣的原因竟然是食品業者把它弄得太簡單了。如果速成蛋糕粉沒有提供消費者一點自己做蛋糕的假象，人們是不會買單的。「就讓他們加蛋吧！」行銷人員如此說。居然見效了，給予生命的蛋居然讓盒裝蛋糕粉也出現生機。

我認為現在正是回歸蛋糕的時代。我敢說所有愛上自己做蛋糕的廚師都會加入我的行列，大聲疾呼大家一起做蛋糕。只要把蛋黃和糖打成泡沫，拌入麵粉，把蛋白打發拌入麵糊，送去烤就好了。

這一切就是這麼簡單。

請記得，在「蛋糕」這檔子事上，最精彩的部分在於組合。讓蛋糕美味的原因就是你搭配一起吃下去的東西。舉例而言，煮熟的麵就是麵而已，但煮熟的麵拌入蛋黃、培根和帕馬森乾酪就變成人間美味

糖＋雞蛋＋麵粉＝蛋糕

carbonara——起司培根蛋義大利麵。你可以烤兩片麵包把義大利麵夾著吃，就能體會這想法多麼誘人。但是，若這兩片麵包變成某種內藏農家切達乳酪咬下牽絲的東西，或者加入一些火腿？嗯～美味；或用Gruyère乳酪取代，放上煎蛋再淋上莫奈醬，世界知名的法式經典三明治「鵪鶉蛋香脆夫人」就出現了。

蛋糕與義大利麵或麵包切片沒什麼不一樣，都應該以上述邏輯思考。自做的海綿蛋糕要好吃，一定是加了奶霜或檸檬凝乳，也可能是使勁打發鮮奶油夾在裡面或塗在上面。這是你可以自己創造的作品。

我曾和人合寫《廚神麵包店》（*Bouchon Bakery*），主廚薩巴斯提安·盧塞爾（Sebastien Rouxel）提供了許多精采的蛋糕（他特別強調冷凍櫃的重要性，請看後續說明）。但在這本書中，我想做一些基本的蛋糕，是那種可以在午餐時段，讓大家都覺得滿足舒服的蛋糕。這是身為鹹食廚師的我絕對做不出來的東西，我在家裡爐邊燒烤的時間可比烘焙糕點的時間多太多。所以我找了指定代理人，處理這整本蛋的百科全書最重要的料理，也是身為喜慶象徵的蛋糕。我恰巧有個多才多藝的老婆，她剛好有個多才多藝的妹妹，蕾吉娜·賽門斯（Regina Simmons），她住在紐約哈德遜河谷，正巧就是專業烘焙師，專長就是蛋糕，對於婚禮蛋糕及喜慶蛋糕更是在行。

蕾吉娜同意飛來克里夫蘭，到我家的廚房展示烘焙技術。我最喜歡的一點在於這些蛋糕都有快速、聰明、實惠的特徵。蕾吉娜的運氣不夠，沒有花俏的法式烤箱，她的攪拌機用了20多年，只要找到任何圓形模具、凹陷的烤盤、搖晃的蛋糕環都是湊合著用。我的老天！我想也許她用汽車輪胎蓋都可以做出驚人的蛋糕。這些東西都不重要，就像她說的：「蛋糕一開始都是醜的，沒什麼例外，好玩的地方就在於把它們變美麗。」

以下是一些做蛋糕的基本原則，還有三個蕾吉娜的招牌蛋糕及一些奶霜和糖霜的做法。我絕不會聲稱下列內容保證不會錯，畢竟它們涉及太多步驟。如果你事先準備好，幾天前就把程序看清楚，這些蛋糕很簡單也一定美味。只要多付出些耐心和練習，成果絕對精采。如果你是蛋糕新手，椰子蛋糕也許是最容易做的蛋糕，會是一個很棒的開始。

美味蛋糕的關鍵 ●●●●●●●●●●●●●●●

冷凍櫃的重要性再三強調也不為過。 冰凍蛋糕應該是要放在腦海、列為第一、也可能是最有用的知識。冰凍後更好吃，質地增進了，要做糖衣霜飾更容易了，要切大份量則切得更乾淨。最重要的是，蛋糕多半為了特殊節慶而做，有了冰櫃，就可以在幾天前、甚或幾星期前先做好。蛋糕結凍了也很容易搬動，是送給朋友的最完美禮物。我曾經把包得好好的蛋糕放在冰櫃不曾動過長達兩個月。你也可以再某個週末做好海綿蛋糕體，把它冰凍起來，下個週末再做奶霜（海綿蛋糕可以放冷凍庫一星期），等你有空時再把蛋糕組合起來。

烘焙紙是你的好朋友。 你當然可以用活動脫底烤模，但如果你想要有完美的邊緣，就要使用適當的蛋糕模具或蛋糕環，且在模具底部鋪上烘焙紙。蕾吉娜把手邊任何東西都鋪上烘焙紙，把紙撕下就放在鍋裡，不管側邊和全部（如是側邊須先上起酥油或其他的油）。不用擔心蛋糕體外表的缺陷，事實上，這些皺褶和裂痕會吃進更多美味的霜飾。

霜飾、糖粉、夾餡才是讓蛋糕真正好吃的東西，請千萬不要吝惜。 就像你對其他甜點與菜色的期待，在一種蛋糕上使用多於一種的配料才有更複雜的風味，就是如此沒什麼好說的。但這也是在做好蛋糕時最花時間的元素。

從烘焙的角度來看，主要的事情都在組織，有組織，海綿蛋糕就能漲到最高。這也意謂兩件事：**在你開始打蛋前，就要準備模具，預熱烤箱。**

最後一件事有關鮮奶油和奶霜：對於鮮奶油和奶霜而言，**知道用鹽量及用的奶油種類是重要的。** 如果你使用無鹽奶油，至少加一撮鹽就會變得更好，任何放了巧克力的東西也要在重要的時間放入正確重量的鹽。如果你使用加鹽奶油，通常在鮮奶油裡就不必加鹽了。

••• 蕾吉娜的檸檬奶油蛋糕 ••• 1個／20人份的大蛋糕

這是蕾吉娜最受歡迎的蛋糕之一，我喜歡它混合的風味。當你必須做出3種夾餡，這蛋糕的要求就相對經濟實惠不少，因為其中2樣餡料可用市售的，果醬與冷凍水果用買的就可以（也可買水果回來自己冰凍後打碎）。蕾吉娜做了簡單的檸檬凝乳，這也變成層次的一部分，同時也拌入香堤鮮奶油（chantilly cream，也就是加了糖粉的打發鮮奶油）；檸檬香堤用於蛋糕完成時的霜飾，也是夾層間的抹醬。還要油脂豐富的奶霜，可防止水果流出汁液滲入蛋糕內。

基本海綿蛋糕可做成任何你想做的蛋糕，是標準的蛋糕體，法文術語是biscuit，意思是拌入基本食材（蛋黃、糖、各種風味）再送去烤的蛋白霜。

再次強調，如果你的生活忙碌，有好多事要做，連待在廚房的半天時間都沒有，請將這些程序分為幾天或幾個星期來做。開始先做海綿蛋糕體，然後把它們冰起來，然後隔幾天就做3種奶油，等你方便了，不這麼趕了，再把東西組合起來。

材料

- 1份基本海綿蛋糕（見p.164）
- 1份檸檬凝乳（p.167）
- 1份香堤鮮奶油（p.167）
- 1份法式奶霜（p.168）
- 1/2杯／150克覆盆子果醬

- 1/2杯／120克冷凍綜合水果，請在冰凍狀態下用食物調理機打碎
- 1杯／100克餅乾碎，最後裝飾用。可用任何無調味的奶油餅乾、杏仁餅乾或全麥餅乾，事前用食物調理機打成粗碎狀（自由選用）
- 新鮮草莓、黑莓或藍莓切片，最後裝飾用

做法

1 當你最後準備組合蛋糕時，請將海綿蛋糕底部朝上翻到砧板上，用鋸齒刀把蛋糕切成相等的兩片。一開始先從一邊水平切入幾公分，然後逆時鐘反轉蛋糕或砧板（如果你是左撇子，請順時針方向轉），從另一邊開始繼續向中心全部切開。如此，在不需要任何器具的幫忙下，你就會有兩片平均的蛋糕。（有一次我把上面那層蛋糕切破了，蕾吉娜說：「別擔心，蛋糕完成時根本看不到破洞，鮮奶油會把它們合在一起。」我就愛她這種從容輕鬆的態度。）

2 準備一個比蛋糕略大的蛋糕抹台（可以從厚紙板剪一塊），或用大平盤、蛋糕架，甚至厚紙板都行，只要是能讓你在做霜飾時可以移動的平面。

3　將2/3的檸檬凝乳和香堤鮮奶油拌勻，把蛋糕底層放在蛋糕台上，切掉蛋糕邊緣（如果你第一次做，下面先鋪一層烘焙紙，清理時就容易些）。除了底部以外，蛋糕的每一邊都要先塗上一層薄薄的奶霜，有了這層油脂就可以防止莓果汁液滲到蛋糕裡（若要有更多風味，蕾吉娜有時會先塗上一層調味糖漿，例如杏仁萃取糖漿，所以若想先塗糖漿也可以）。接下來用2湯匙檸檬凝乳薄薄抹一層在蛋糕上，接著再抹上大約1湯匙的果醬，請試過味道後，再增減用量。

4　在蛋糕表面各處均勻抹上1公分厚的檸檬香堤鮮奶油，然後再撒上一半的冷凍莓果碎。

5　接下來要放的是蛋糕上層。但在替上層鋪奶油、放冷凍莓果之前，必須先把上層底部處理好，做法就如第一層上夾餡的情形。先在底部塗上奶霜，然後是檸檬凝乳，然後果醬，然後再翻回來，有抹醬的部分朝下，把它放在第一層夾餡上。看起來就是兩片蛋糕中間夾著檸檬香堤鮮奶油。

6　現在要處理的是還未上霜飾的上層蛋糕，依次重複以下程序：上奶霜、檸檬凝乳、果醬、香堤鮮奶油、冷凍莓果碎。為了展示，我們做了三層的蛋糕，但你也可以做四層蛋糕或更多。

7　當蛋糕結構已經架好，你可以選擇是否要「打底」（crumb coat），

也就是將整個蛋糕外層先塗一層薄薄的奶霜（沒有照片說明）。如果你有時間，可以把蛋糕冰到冰箱，等到打底的奶霜稍微變硬後再繼續，這樣會更容易上霜飾。

8　接下來要替蛋糕上霜飾。請用蛋糕抹刀或其他長而薄的工具將檸檬香堤鮮奶油塗在蛋糕周圍，厚度約2公分。然後緊握抹刀，一面把鮮奶油往旁邊抹平，一面把蛋糕抹台或盤子轉向自己（如果蛋糕抹台用的是旋轉台或是吃飯時的轉桌，抹面會容易些）。把蛋糕周圍上下全都抹上鮮奶油，持續轉動抹台讓表面更光滑。請別擔心上下邊緣抹不平的地方，最後蛋糕會在底部裹上一層餅乾碎，上面會有裝飾花邊。

9　四周抹好了，就以同樣的手法抹平上面。一面握著抹刀，一面旋轉台面，把表面抹到完美光滑。如果你沒有長抹刀，或無法把表面抹得均勻工整，可隨意抹成波浪狀，或用鋸齒刀做出裝飾花紋，蛋糕四周也可以如此做。

10　現在有一個你可隨意但仍建議做的步驟，請在蛋糕周圍裹一圈餅乾碎。將盤子或蛋糕台傾斜一邊，抓起餅乾碎從蛋糕一半高的地方讓它落在周圍和底部，利用刮板或刀面輕拍餅乾碎讓它黏住霜飾。如果想要看起來乾淨平整，可把多餘的餅乾碎刮掉，不然就不要刮除，讓蛋糕帶有鄉村風。

11　剩下的奶霜裝入擠花袋，裝上星形

的大擠花口，沿著邊緣做裝飾（你也可以把奶霜裝在厚塑膠袋裡，在邊角剪一個洞代替擠花袋）。在照片中，蕾吉娜以波浪動作做出花紋，一下一上，一下一上，沿著蛋糕劃一圈。

12　在蛋糕中心擠出3朵小旋花，在上面擺上新鮮莓果做裝飾。

13　將蛋糕冰起來，然後包好放入冷凍庫，冰倒要吃或要搬動前才拿出來。拿出來後要先放1到2小時退冰，如果天氣或廚房很熱也許不用放這麼久。剩下的蛋糕則可包好放回去冰或再冰。

蕾吉娜的檸檬奶油蛋糕
Regina's Lemon Cream Cake

1 要先將一切準備就序，從順時針方向分別是：檸檬凝乳、高脂鮮奶油、冷凍莓果
   碎、覆盆子果醬、海綿蛋糕、糖粉、奶霜。

2 香堤鮮奶油就是加了糖分和某種香味萃取的打發鮮奶油，在這裡是加香草。

3　香堤鮮奶油是這個蛋糕的主要霜飾。

4　可用檸檬凝乳加強香堤鮮奶油的風味。

5　塗第一層夾餡，依序塗上下列餡料：先塗一層薄薄的奶霜，它可防止汁液滲入蛋糕
　　體，然後塗上檸檬凝乳。

6　接下來塗上果醬。

7　在果醬上塗上檸檬香堤鮮奶油。

8　夾餡的最後元素是冷凍莓果碎。絕對不要浪費替蛋糕抹醬的機會。

9　塗上果醬、檸檬凝乳、奶霜，再放上莓果碎的海綿蛋糕體。

10　夾餡塗好了，就用檸檬香堤鮮奶油做蛋糕抹面，從旁邊先開始。

11　再抹上層。

12　緊握抹刀,旋轉蛋糕,將鮮奶油抹平順。

13　你會驚訝旋轉蛋糕有多容易。它需要一定的練習與專注力,以專業水準完成蛋糕抹
　　面並不是難事。

14　餅乾碎有酥脆的口感,增加風味及顏色,並可掩飾蛋糕邊緣。

15　用刮板將餅乾碎拍入檸檬香堤奶油。

16　剩下的奶霜裝入擠花袋,裝上星形大擠花口,沿著蛋糕邊緣裝飾。

17　做好的蛋糕,有多種顏色、口感和風味,可作任何喜慶節日的蛋糕。

17

··· 基本海綿蛋糕 ···

2個蛋糕體（8或9吋）

材料

· 8顆蛋，蛋黃蛋白分開

· 2杯／400克糖

· 鹽少許

· 1.5杯／210克麵粉

做法

1 烤箱預熱至350℉／180℃。

2 準備8或9吋／20或23公分的蛋糕模或烤環，先在底部上一層油，再鋪上一層烘焙
   紙，放旁備用。

3 蛋黃放入攪拌盆，機器裝上打蛋器，一面以高速攪拌，一面慢慢加入2/3的糖。如果
   你沒有桌上型攪拌機，也可以用附有打蛋器的手持攪拌棒或電動攪打器來打，只是
   會多花一些時間。當然用打蛋器自己動手打也可以，那就更費工了，但好處是你會
   消耗一些吃下這塊蛋糕的熱量。攪拌機攪打3到5分鐘，將蛋黃打得又輕又膨鬆，體
   積漲到兩倍大。如果你想在海綿蛋糕中加入萃取風味，請在攪打蛋黃時加入。請把
   打好的蛋糊移到另一個大碗。

4 攪拌機的打蛋器和攪拌盆用清潔劑及熱水洗乾淨、烘乾，再裝回攪拌機（只要有一
   點蛋黃存留都可能讓蛋白無法變成蛋白霜）。蛋白放入攪拌盆，以高速打到膨鬆，
   然後一次1湯匙慢慢加入糖，讓糖有時間可以融入蛋白中。持續攪打，全部的糖都
   要放入，視攪拌機的狀況打5分鐘不等，要把蛋白打到硬性發泡。

5　在麵粉裡加入鹽拌到完全均勻，如果粉狀食材已經放了一段時間有些結塊，請放在食物調理機中打散或用篩網過篩。麵粉篩入蛋黃糊中，請用木杓以大範圍翻轉劃圈的方式把麵粉攪拌均勻。加入1/4的打發蛋白，以同樣劃圈的方式拌合（慢慢折，輕輕翻，翻出的蛋白氣泡越少越好）。分兩次把剩下的蛋白加入，持續翻拌，拌到食材均勻混合，麵糊濃稠不太會流動的狀態。

6　麵糊平均倒入2個墊了烘焙紙的蛋糕烤模中，高度約到模具的2/3或3/4（如果用8吋／20公分的烤模，會剩下一些麵糊。你可以把這些麵糊裝入擠花袋或用湯匙舀入舖上烘焙紙的烤盤中烤成餅乾，上桌前撒上一些糖粉，或塗上鏡面巧克力，這類餅乾有時稱為香檳餅乾，做法可參考p.178）。蛋糕放入烤箱，烤20到30分鐘，烤到中間固定。可以用蛋糕測試棒或削皮刀插入中心確定熟度，也可以輕敲蛋糕上層，如果沒熟，你會覺得中間水水的，有點像在搖水床。如果你輕敲上層，覺得明顯都固定了，蛋糕就熟了。

7　蛋糕從烤箱中拿出來，放在鐵架上完全冷卻。脫模後撕下烘焙紙，就可包上兩層保鮮膜拿去冷凍。也可以切好再冷凍，一樣用保鮮膜包好就可以，或直接拿來用。

基本海綿蛋糕 *Basic Sponge Cake*

1　做基本海綿蛋糕，蛋糕模或烤環中鋪上烘焙紙，邊緣修剪整齊。

2　蛋黃和糖混成乳沫後就加入麵粉。

3　最後，蛋白打成硬性發泡，倒入蛋黃麵糊中拌合。

4　麵糊放入墊了烘焙紙的蛋糕模中鋪平。

5　脫模後的蛋糕成品。

6　一面旋轉，一面用鋸齒刀慢慢從中間切開蛋糕。

RECIPE NO.53

••• 檸檬凝乳 •••

有各種製作檸檬凝乳的方法。有只用蛋黃的，也有各種奶油份量，有用隔水加熱打發的，甚至用微波爐加熱的。這就是蕾吉娜小姨子的做法，因為對於一個有四個孩子還要出外工作的母親來說，有太多事情要忙。用這個方法不但快，連傻瓜都會做（當然也好吃）。放少許玉米粉可幫助凝結，所以不需要擔心煮過頭。你也可以把檸檬凝乳用在p.272的「杏仁檸檬塔」或任何檸檬塔上，真是夢想成真。

材料

· 1杯／240毫升新鮮檸檬汁
· 1湯匙玉米粉
· 5顆蛋
· 1杯／200克糖
· 1/2杯／110克奶油，切成
　4到5片備用

做法

1　玉米粉加2湯匙檸檬汁攪拌做成芡粉，放旁備用。

2　醬汁鍋裡放入蛋、剩下的檸檬汁、糖，以中火加熱（如果你想更快一些可用高溫煮）。一面煮，持續攪拌，煮到蛋汁變濃稠，在煮開前加入檸檬芡汁持續攪拌讓它更濃，一直拌到煮滾。把鍋子離火，拌入分次奶油，一次一片，當奶油融化，就把凝乳放入碗中完全放涼。可以直接食用，或用保鮮膜包好，第一層膜壓住表面，第二層膜包住碗，如此放入冰箱冷藏最久可達5天。

RECIPE NO.54

••• 香堤鮮奶油 •••

這是很棒的萬用奶油，可以直接使用或和其他食材混合。

材料

· 2杯／480毫升高脂打發鮮奶油
· 1/2到2/3杯／50到75克糖粉，依
　照個人喜歡的甜度調整分量
· 鹽少許
· 1湯匙純香草精

做法

1　奶油放入攪拌盆，攪拌機裝上打蛋器，一面以高速攪打，一面撒入糖。加入鹽和香草，拌到全部混合硬性發泡。

2　冷藏直到完全冷卻。鮮奶油可在使用4小時前做好。

••• 法式奶霜 •••

4杯／1升

這是簡單的奶霜，奶霜的濃稠度要看你加入的糖是否已達「軟球階段」（soft ball）。你把糖煮到235℉至240℉／113℃至116℃，此時稱作軟球階段，因為當糖冷卻後會形成一顆軟球。也就是說，如果你沒有把糖煮到軟球階段，等到糖冷卻後，糖就會變硬。所以你需要製糖用溫度計準確測出溫度。蕾吉娜強調，在攪打奶霜時，要把蛋糖糊邊打邊降到室溫，如此奶油才不會融化。

材料

· 2杯／400克糖

· 1/2杯／120毫升水

· 1顆全蛋

· 3顆蛋黃

· 2杯／450克奶油，在室溫放軟，切成16塊

· 1/2杯／225克植物起酥油

· 2茶匙純香草精

做法

1　糖和水放入醬汁鍋以高溫把糖煮化，當糖水煮到冒出小泡泡時，把火關到中火；插入製糖用溫度計。當你打蛋時，一定要非常注意糖水的溫度狀況。蛋和蛋黃放入攪拌盆中，攪拌機裝上打蛋器以高速打蛋，打到蛋的體積變成兩倍大。只要糖的溫度超過235℉／113℃（最高可達240℉／116℃），就將它慢慢倒入蛋液中，一面打一面倒，持續以高速攪打10分鐘，打到蛋糖糊的溫度低於80℉／27℃（為了加速降溫，可把冰袋靠在攪拌盆邊上）。蛋糖糊冷卻後就可加入分次奶油，一次幾塊，然後放起酥油和香草精，打到食材完全混合。打好的奶霜可直接使用，或用保鮮膜包好放入冰箱冷藏，最長可放一星期，要用時回溫後再使用。

⣿ 法式奶霜 *French Buttercream*

1　奶霜的原料是蛋、糖（請見下一張照片）和奶油。

2　蛋打好後放入軟糖階段的糖。

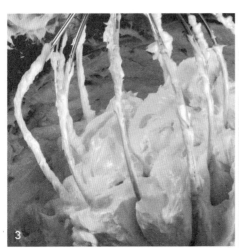

3　糖放涼了，才能加入油脂成分。在這裡我們加了起酥油增進口感。

4　如想做巧克力奶霜，只要拌入巧克力就是了。

椰子奶油蛋糕 *Coconut Cream Cake*

1　椰子蛋糕是最直接簡單的蛋糕。

2　它不像其他夾有多種餡料的蛋糕，
　　這裡的兩層夾餡及蛋糕抹面都用同
　　一種霜飾，用椰子奶霜就能完成。

RECIPE NO.56

··· 椰子奶油蛋糕 ···

這是大眾新寵和我兒子近來的最愛,當然也是我的,這可不是隨便說說,因為我從來不是椰子的粉絲。這個蛋糕很棒的一點在於除了享受美食的樂趣之外,它的做法實在簡單,成品又漂亮。它應該是毛茸茸的,但那種毛茸狀和我在1970年代身為中西部小孩擁有的毛毯不一樣,樣子倒不容易退流行。它和p.157花俏的檸檬奶油蛋糕一樣,用的是相同的海綿蛋糕體,只是我們把四片全用上了,因為這是你可以多吃美味椰子奶油的藉口。蕾吉娜用了一個小技巧,每一片蛋糕都塗上奶油糖漿(我和她一起到我們家附近的食物賣場購物,她的眼光停在雞尾酒區的一個罐頭上,這就是我們用的糖漿,但只要品質好,任何一種椰子糖漿都可使用)。上糖漿可以增加海棉蛋糕的風味和濕度。

海綿蛋糕可一週前先做好,放入冰箱冷凍。鮮奶油可在組合蛋糕2天前做好。

材料

· 1份基本海綿蛋糕(見p.164)　· 1份香堤鮮奶油(見p.167)

· 1份糕點用香草奶油(見p.173)　· 3杯甜味椰子絲　· 1/2杯／120毫升椰子糖漿

做法

1　準備組合蛋糕時,請把兩塊海綿蛋糕翻過來放在砧板上,底部朝上。用鋸齒刀把蛋糕再切成相等的兩片。一開始先從一邊水平切入幾公分,然後逆時鐘反轉蛋糕或砧板(如果你是左撇子,請順時針方向轉),從另一邊開始繼續向中心全部切開。這樣會有兩片相等的蛋糕片。

2　準備一個比蛋糕略大的蛋糕抹台(可以從厚紙板剪一塊),你可以用大平盤、蛋糕架,甚至厚紙板都行,只要是能讓你在做霜飾時移動的平面。

3　香堤鮮奶油和糕點用香草奶油拌合在一起,加入1杯椰子絲,再把全部食材拌勻。蛋糕底層放在蛋糕台上,把邊切掉,然後刷上椰子糖漿,再抹上1.2公分厚調好的椰絲奶油。上層蛋糕的底部也塗上椰子糖漿,和抹好椰絲奶油的那面合起來。之後得兩層蛋糕也重複相同程序。如果還剩下椰子糖漿,請把糖漿塗在蛋糕最上層和周圍。

4　剩下的椰絲奶油沿著蛋糕周邊均勻抹上,然後是蛋糕上層表面,盡量把每個地方抹得光滑平順。再把剩下的椰絲全部沾在蛋糕面上,用刮板或刀背輕拍椰絲,讓它黏住鮮奶油。做好可立刻享用,也可放冰箱冷藏或冷凍。

糕點用香草奶油 *Vanilla Pastry Cream*

1　香草奶油的原料包括：牛奶、蛋黃、糖、奶油、加了玉米粉的牛奶。

2　先把一半熱牛奶倒入蛋液中調溫，然後再把調好溫的蛋液（右上方）加入牛奶鍋中一起煮。

3　香草奶醬煮濃稠後，過篩濾去凝結的蛋塊。

4　放涼後即是香草奶油。

••• 糕點用香草奶油 •••

2.5杯／600毫升

就像p.221的說明，糕點用的香草奶油只是用麵粉或玉米粉稠化的英式鮮奶油。我比較喜歡用玉米粉，因為做起來又快又好，口感上也和用麵粉做的沒有差別。蕾吉娜做的香草奶油比我做的要輕盈。p.171照片上的椰子蛋糕用的是她比較高明的版本。

材料

- 2湯匙玉米粉
- 1.5杯／360毫升牛奶
- 1/2杯／120毫升高脂鮮奶油
- 2顆蛋黃
- 1/2杯／100克紅糖
- 鹽少許
- 1/4杯／60克奶油，在室溫放軟切成2塊
- 1湯匙純香草精

做法

1 玉米粉中加3湯匙牛奶做成芡汁，放旁備用。

2 剩下的牛奶和鮮奶油放入小醬汁鍋以高溫煮到微微冒泡，請注意千萬別煮滾。

3 蛋黃放進大碗裡，加入糖和鹽用打蛋器打到柔滑。

4 牛奶煮到微滾時，火立刻關到中低溫，把一半牛奶倒入蛋液中調溫，持續攪拌，然後再把奶醬鍋放回爐上。把調好溫的奶蛋液再倒回鍋裡煮，拌到醬汁又要冒出微微泡泡時，加入牛奶芡汁（要先攪一下，把沉在底部的芡粉拌勻）。當鍋子的溫度又升高，醬汁變濃稠時，立刻離火。加入奶油和香草精拌勻，然後過濾到乾淨的碗中。以保鮮膜包好後放入冰箱冷藏直到完全冷卻，可保存數天。

••• 巧克力摩卡蛋糕 •••

巧克力蛋糕一點都不神奇，只是海綿蛋糕加上巧克力，通常還撒上可可粉。這是很棒的蛋糕，應該收為你的拿手料理。這道蛋糕可以用一般放了較久的便宜可可粉來做，但如果你想大顯身手，強烈鼓勵你找最好的來做，我推薦Guittard的苦甜可可粉（Guittard Cocoa Rouge），它特別適合烘焙。但請注意如果你用的是鹼化過的可可粉，也就是一般標記為Dutch rocess的荷蘭加工可可粉，就不會再與小蘇打發生酸鹼中和作用[15]。我們的風味來源是：基本萬用巧克力鏡面膠、用espresso粉調味的摩卡奶油，還有裝飾時會用到的巧克力奶霜。

材料

- 1份巧克力海綿蛋糕（見p.176）
- 1份摩卡奶油（見p.177）
- 1份鏡面巧克力（見p.178）
- 1/2份香堤鮮奶油（見p.167）
- 1份巧克力奶霜（見p.176）
- 可可粉，裝飾用

做法

1　準備把蛋糕組裝完成時，先把海綿蛋糕翻過來放在砧板上，底部朝上。用鋸齒刀把蛋糕再切成相等的兩片。一開始先從一邊水平切入幾公分，然後逆時鐘反轉蛋糕或砧板（如果你是左撇子，請順時針方向轉）從另一邊開始繼續向中心全部切開。這樣會有兩片相等的蛋糕片。

2　準備一個比蛋糕略大的蛋糕抹台（可以從厚紙板剪一塊），也可以用大平盤、蛋糕架，甚至厚紙板都行，只要是能讓你在做霜飾時移動的平面。

3　香堤鮮奶油和一半的摩卡奶油均勻拌合。蛋糕底層放在蛋糕台上，把邊切掉，先塗一層薄薄的巧克力奶霜，然後抹上摩卡鮮奶油，再來是摩卡香堤鮮奶油。在上層蛋糕的底部也抹上巧克力奶霜、摩卡香堤鮮奶油。其他層次也是同樣的程序。

4　鏡面巧克力放在微波爐中加熱增加份量，拌到均勻攪得動時，將它從蛋糕面上淋下，一直流到邊緣，包覆整個蛋糕。

譯註15：可可粉是酸性，因為烘焙常會加入泡打粉，所以先以荷蘭加工鹼化變成中性。但如果遇到要加入小蘇打的狀況，失去酸性的可可粉就不能與小蘇打再發生作用。

5   蛋糕周邊用剩下的摩卡香堤鮮奶油塗抹均勻。

6   剩下的奶霜放入擠花袋，裝上星形大擠花口，也可以用厚塑膠袋裝好，在邊角剪一個口，再裝上擠花口。在蛋糕邊緣擠出一個個小花，再用網篩撒一些可可粉。

7   這個蛋糕可包好拿去冷凍，放到你想吃時再拿出來切。

▼ 當你要為很多人切蛋糕時，請不要自我設限只切成三角楔形，切成方形也是很好的做法。

⋯ 巧克力海綿蛋糕 ⋯

2個蛋糕體（8或9吋）

材料

- 13/4杯／245克麵粉
- 3/4杯／75克無糖可可粉
- 1.5茶匙泡打粉
- 1.5茶匙小蘇打
- 2顆蛋
- 2杯／400克糖
- 1/2茶匙鹽
- 1杯／240毫升熱咖啡
- 1杯／240毫升牛奶
- 1/2杯／120毫升植物油
- 2茶匙純香草精

做法

1　烤箱預熱至350℉／180℃。準備兩個8或9吋／20或23公分的蛋糕模或烤環，將底部與周圍都塗上防沾油，再墊上烘焙紙。

2　麵粉、可可粉、泡打粉、小蘇打篩入中碗。

3　雞蛋、糖和鹽放入攪拌盆中，攪拌機裝上打蛋器，以高速打1、2分鐘，將蛋打成濃滑蛋糊。

4　加入拌好的可可粉料攪打均勻，再把剩下的食材倒入攪拌盆，以高速再拌攪2分鐘左右。

5　可可麵糊倒入準備好的蛋糕模或烤環，送入烤箱烤20到25分鐘，烤到中間固定。

6　然後拿出放在鐵架上散熱，完全冷卻後才可脫模，拿掉烘焙紙。之後可用兩張保鮮膜包好，放入冰箱冷凍，也可切好再冰，或直接拿來用。

⋯ 巧克力奶霜 ⋯

2.5杯／600毫升

這是濃郁又萬用的奶霜，可以作為霜飾；在這裡把它當成巧克力摩卡蛋糕的夾餡和裝飾使用。

材料

- 1杯／200克糖　　・1/4杯／60毫升水　　・3顆蛋黃　　・1顆全蛋
- 1杯／225克奶油，在室溫下放軟，切成約15塊　　・2茶匙純香草精
- 1杯／200克半甜或苦甜巧克力碎，也可以自己把巧克力切碎，融化後稍微冷卻

••• 摩卡奶油 •••

這款奶油最好在你需要用的一兩天前先做好，如此才可徹底冷凍。

材料

- 3湯匙玉米粉
- 1.5杯／360毫升牛奶
- 1/2杯／120毫升高脂鮮奶油
- 4顆蛋黃
- 1/2杯／100克紅糖
- 1/2茶匙鹽
- 1/4杯／25克無糖可可粉
- 2湯匙即溶咖啡粉
- 1/4杯／60克奶油，在室溫下放軟，切成2塊
- 1湯匙純香草精

做法

1 玉米粉中加入3湯匙牛奶調成芡汁，放旁備用。

2 剩下的牛奶和鮮奶油放入小醬汁鍋，以高溫煮到冒出小泡泡，請千萬別煮滾。

3 蛋黃放進碗裡，加入糖和鹽用打蛋器打到柔滑。

4 奶醬煮到冒出小泡泡時，火立刻關到中低溫，把一半奶醬倒入蛋液中調溫，持續攪拌。然後再把奶醬鍋放回爐上，把調好溫奶蛋液再倒回鍋裡煮，拌入可可粉和咖啡粉持續拌到醬汁微滾時，加入牛奶芡汁（要先攪一下，把沉在底部的芡粉拌勻）。當可可醬的溫度又升高，快要煮滾，醬汁變濃稠時，立刻離火。加入奶油和香草精拌勻，然後過濾到乾淨的碗中。用保鮮膜包好後放入冰箱冷藏直到完全冷卻；摩卡奶油可以在使用的前幾天先做好。

做法

1 糖和水放入小醬汁鍋以高溫煮3到5分鐘將糖水煮滾。用溫度計測量，糖漿溫度應該要到達235℉／240℉和113℃／116℃之間。

2 一面煮糖，一面將蛋黃和全蛋放入攪拌盆，攪拌機上裝上打蛋器以高速打蛋，把體積打到3倍大。只要糖漿煮好，大概蛋糊也打好了。

3 攪拌機不要停，把糖漿慢慢倒入蛋糊中，持續攪打8到10分鐘，打到手摸攪拌盆外面覺得溫度已經變涼了。此時可將攪拌機速度降到中速，加入一塊奶油，打到快要融合時，把剩下的奶油一次一塊分次加入。攪打奶油時，可能會覺得它已油水分離，但持續攪打，把奶蛋糊打到完全均勻。

4 當所有奶油都融合了，加入香草和巧克力，速度調到高速把奶霜打到光滑誘人。可直接使用，或冰到冰箱，放到要用時再拿出來。用時請把奶霜加熱到可以彎折的程度再用。

··· 鏡面巧克力 ···

2.5杯／600毫升

蕾吉娜將朵莉斯·卡賽拉（Dolores Casella）的食譜改編成這道簡單又萬能的巧克力鏡面淋醬。如果把它加熱會是液體狀，但如果放在室溫會凝結得柔軟而結實。我們把它滴在椰子餅乾上，淋在冰淇淋上，也當成蕾吉娜巧克力摩卡蛋糕的光滑表面（見p.174）。

材料

- 1/2杯／120毫升三花奶水
- 1/2杯／100克糖
- 鹽少許
- 1杯／200克半甜巧克力丁
- 1/4杯／60克奶油，切塊備用
- 2湯匙純楓糖漿或玉米糖漿
- 2茶匙純香草精

做法

1　在中型的醬汁鍋中放入三花奶水，加入糖和鹽，以中高溫加熱。可以在鍋子內緣抹一些奶油，奶水就不容易沸騰時溢出鍋外。奶水煮到微微冒出泡泡，將火轉到中低溫再煮5分鐘。煮好後鍋子離火，放入一半的巧克力丁。只要巧克力開始融化，就加入另一半巧克力用打蛋器攪拌，其次依序加入奶油、糖漿、香草，把食材攪拌到均勻混合。巧克力奶醬放入乾淨的碗中放涼。等到要用時可放入微波爐加熱30秒（熱到一半要拿出來，攪一攪再熱），熱到可以流動就可以了。

RECIPE NO.62
鏡面巧克力 *Chocolate Glaze*

1 這是簡單萬能的鏡面巧克力，請預先準備好材料，包括：奶水、奶油、糖和巧克力，使用楓糖漿和香草做額外調味。

2 奶水和糖煮5分鐘。然後鍋子離火，加入巧克力和其他食材拌勻。

3 完成後的鏡面巧克力。

••• 蘭姆櫻桃杏仁糖酥麵包（馬芬）••• 12個馬芬或1條標準長度的麵包

我在這裡放了一個快發麵包，想讓大家看看只要知道原料比例，它們做來多麼容易。快發麵包或馬芬的基本比例是2份麵粉、2份液體，對上1份蛋、1份奶油（麵粉：液體：蛋：奶油＝2：2：1：1）。如果要做甜的（馬芬與麵包多半是甜的）就要加入糖，糖的份量最高可加到與蛋的份量同重。在這裡，我只是簡單做一個有杏仁風味加上櫻桃裝飾的甜味快發麵包，麵包上層用褐色奶油和杏仁糖酥裝飾。但是真正的目的在於希望你能學會這個基本比例——同等份的麵粉和牛奶加上半份的蛋和半份的奶油。學會了，你就能自由發揮。如果你有磅秤，一開始請秤出蛋有多重，其他食材配合調整。然後把攪拌盆整個放在秤上，直接把食材倒進去確定比例（不需要量杯），這就是最巧妙最可靠的混合和烘焙方式。

上層裝飾其實並不需要，但它們的確增加了風味、口感與甜味。而這道食譜用的是糖酥，這是我在做《廚神麵包店》這本書時，向主廚塞巴斯欽·盧塞爾學的。杏仁糖酥基本上就是等量的中筋麵粉、杏仁粉、糖和奶油，但是你也可以把它換成碎粒，就如用等量的二砂糖、麵粉、燕麥和奶油做成燕麥酥，或直接用堅果碎。主廚盧塞爾也喜歡把麵糊放過夜，給麵糊時間發酵。但是如果你時間很趕，也可以省略這個步驟。我從糕點主廚暨老師的柯里·巴瑞特（Cory Barrett）那裡首次聽到，在把莓果或其他水果加入麵糊前要把它們先裹粉，這樣水果才不會沉到底部。

杏仁糖酥材料

- 1/2杯／70克中筋麵粉
- 1/2杯／70克杏仁粉
- 1/3杯／70克糖
- 3.5湯匙／50克奶油，冷凍時切小丁

麵糊材料

- 3顆蛋
- 1杯／240毫升牛奶
- 2杯／280克中筋麵粉，還需一點做櫻桃裹粉
- /2杯／100克糖
- 1/2杯／110克奶油

- 1茶匙純杏仁精
- 1茶匙純香草精
- 2茶匙泡打粉
- 1/2杯／55克酸櫻桃乾，放在白蘭姆酒中浸漬至少8小時

做法

1　就像做派皮麵團一樣，做上層裝飾時只要將糖酥材料全部混合，把奶油捏到小塊。包好放入冰箱，冰到要用時再拿出來。

2　準備做麵包，將雞蛋、牛奶、麵粉、糖放入大碗，用打蛋器攪拌到完全混合。

3 奶油放入小醬汁鍋以中高溫加熱融化。你會聽到劈啪聲減少，出現泡沫，水慢慢煮掉，奶油開始變成褐色。當出現堅果香氣，就把煮好的褐色奶油放入麵糊中。持續攪拌，拌到麵糊光滑一致。加入香精拌到混合。

4 蓋上蓋子放入冰箱，如可能冰8到24小時。

5 烤箱預熱至350℉／180℃。準備1個標準麵包模或 12個馬芬烤杯，內層塗上奶油或噴上噴霧油。

6 泡打粉加入冰麵糊中拌勻。用塑膠袋裝半杯麵粉，濾出櫻桃（泡過櫻桃的蘭姆酒還可留著做雞尾酒），櫻桃丟入麵粉中搖晃，讓它裹上一層粉，然後用籃子篩去多餘粉料。

7 麵糊拌入櫻桃後放入準備好的麵包烤模或馬芬烤杯，上麵撒上糖酥，送入烤箱烤到削皮刀插入中心完全不沾。如是馬芬需烤40分鐘，麵包則烤1小時。

···艾蜜莉的胡蘿蔔蛋糕···

1條蛋糕或12個杯子蛋糕

別讓下面一長串食材清單嚇到你（主要是香料）。這只是一個快發麵包，主要是麵粉和雞蛋的簡單蛋糕。這種蛋糕也幾乎成為美國人的傳統，特別是當它塗上奶油乳酪的時候。

蛋糕材料

- 1/4杯／60毫升深色蘭姆酒
- 1/3杯／55克葡萄乾
- 1＋1/3杯／185克麵粉
- 1＋1/4茶匙泡打粉
- 1茶匙小蘇打
- 1茶匙鹽
- 2茶匙肉桂粉
- 1/2茶匙五香粉
- 1/2茶匙肉荳蔻
- 1/2茶匙小荳蔻粉
- 1/2茶匙薑粉
- 3顆蛋
- 1茶匙純香草精
- 1杯／200克砂糖
- 3/4杯／180毫升植物油
- 1/3杯／60克蘋果醬
- 225克去皮胡蘿蔔泥（大概是5條胡蘿蔔的份量）
- 1/2杯／50克核桃碎（自由選用）

奶油乳酪

- 225克奶油乳酪，放室溫回溫
- 1.5杯／150克糖粉
- 1/4杯／60克奶油，放室溫回溫
- 1茶匙新鮮檸檬汁

做法

1　一開始先做蛋糕。準備1個小醬汁鍋，倒入蘭姆酒、放入葡萄乾，以中高溫煮滾。煮滾後鍋子離火，放旁浸漬。

2　烤箱預熱至350℉／180℃。準備1個標準麵包烤模，內層用奶油或噴霧油先上一層油。

3　麵粉、泡打粉、小蘇打、鹽和香料放入碗中拌勻。

4　然後將蛋和香草精放入中碗拌勻，再加糖拌到融化，接著放入油，然後是蘋果醬。這時候會出現均勻一致的黃色蛋糊。

5　現在將麵粉等乾性食材慢慢撒入蛋糊拌到完全混合。請不要過度攪拌麵糊，以免產生筋性。

6　胡蘿蔔泥若還有汁，請擠掉，然後拌入麵糊中。接著放胡桃和葡萄乾，如果鍋子裡還有蘭姆酒也一起倒入。

7　拌好的麵糊放入準備好的烤模，大約烤1小時，烤到中間插入牙籤拿起不沾（烤到50分鐘時就可檢查）。

8　蛋糕從烤箱中拿出來降溫。

9　一面散熱，一面做霜飾。準備中碗，把所有做霜飾的材料放入，用打蛋器壓散打勻。你也可以把攪拌機裝上攪拌槳用機器操作，但如果食材不是冰涼狀態，用打蛋器打霜飾質感最好。

10　放涼的麵包脫模，上方塗上奶油乳酪就好了。

●●● 鬆餅 ●●●

8個15公分鬆餅

鬆餅簡單美味，只要你有磅秤就可以從頭自己做。我每次看到那些放在可愛小布袋裡的鬆餅粉居然一個要賣7.99美元，就覺得快要抓狂。如果你的廚房有條理，有一般基礎食材，應該很快就能張羅出鬆餅要用的乾性食材（麵粉、糖、泡打粉、鹽），另外15分鐘就能擺出所有濕性食材（牛奶、雞蛋、奶油、香草）。把乾的拌在一起，把濕的拌在一起，再把乾的加到濕的裡，稍微拌一拌（攪拌越少越好）。做這些事情所花的工夫甚至連你熱鍋的時間都不到。

我就是愛這種簡單最美的煎餅，當然它們是一窺蛋的力量的極好窗口。沒有蛋，你不會想吃它們的；有了蛋，它們就是美國廚房中最棒的主食。

材料

- 1杯／240毫升牛奶
- 2顆蛋
- 1/4杯／60克奶油，事先融化
- 1茶匙純香草精
- 1＋1/3到1.5杯／200克麵粉
- 2湯匙糖
- 2茶匙泡打粉
- 1/2茶匙鹽

做法

1　牛奶、蛋、奶油和香草放入大碗攪拌到完全均勻。

2　麵粉、糖、泡打粉、鹽放入中碗拌勻（如果粉料有些結塊，請先過篩）。

3　乾性食材倒入濕性食材混合拌勻到麵糊滑順。這食譜提供的食材比例會有很厚的麵糊，做出的煎餅有蛋糕口感。如果你喜歡吃薄一點的，多加些牛奶就可以了。

4　在煎鍋中放入少許油，麵糊下鍋以中火煎熟，兩面各煎幾分鐘。

··· 布朗尼 ···

24個7.5公分的方形布朗尼

我以前都用23×33公分的烤盤做布朗尼，但它們很快就吃完了，後來再也不這樣做。現在我都做一大批軟糖般美味的布朗尼，把它們冰凍起來隨時準備著，需要激勵的時候就來一個。我的小姨子蕾吉娜身為烘焙行家，做布朗尼已是例行公事，因為在她紐約哈德遜銅銹村的店裡，布朗尼只要一烤出來就賣完。我喜歡把專業廚房常做的事搬到家庭廚房來用，有些招數在家庭廚房還特別管用。

當我還是個孩子時，曾拿到夢想的布朗尼，卻發現它的外層是胡桃，那時覺得根本被騙了。為什麼會這樣想呢？難道某人把堅果放進去，完美的布朗尼就給毀了嗎？但如果你是堅果的愛好者，在這道食譜最後加入1.5杯／130克胡桃碎並不影響。如果你不是堅果迷，就會想要更多巧克力和更多巧克力丁。（警告：如果你像我一樣愛吃巧克力，把布朗尼冰起來就會吃到更濃郁的巧克力風味。但冰起來的巧克力丁特別脆，如果本來就想把布朗尼冰起來吃的人也可以不要放巧克力丁。也就是說，在軟糖般的布朗尼中放入巧克力丁真是了不起的想法！蕾吉娜用的巧克力品牌是Ghirardelli，這牌子的巧克力到處都買得到，品質也好。）

做布朗尼和做鬆餅一樣簡單：只要把乾性食材混合，結合濕性食材，攪拌，倒出來。如果你沒有業界知名的半烤盤（13×18吋／33 × 46公分），請將配方減半，或改用11×15吋／28×38公分的果凍盤，因為盤子深度只有2.5公分，布朗尼會如軟糖，質地濃稠。

材料

· 2杯／200克無糖可可粉

· 2茶匙泡打粉

· 1茶匙鹽

· 8顆蛋

· 4杯／400克糖

· 4茶匙純香草精

· 450克奶油，事先融化

· 2杯／340克半甜巧克力丁

做法

1　烤箱預熱至350℉／180℃。在半烤盤或果凍盤裡鋪上烘焙紙，放旁備用。

2　麵粉、可可粉、泡打粉過篩放入大碗，再加入鹽。另取一個大碗，將蛋、糖、香草打到濃稠滑順，再倒入融化奶油，要一絲絲地慢慢加，持續攪拌。

3　濕性食材與乾性食材拌在一起，打到均勻。再加入巧克力丁。麵糊倒入鋪上烘焙紙的烤盤，烤20到25分鐘，烤到固定。

4　拿出放涼後，將布朗尼拿出來放在砧板上切成需要的大小。然後把每片布朗尼都用保鮮膜包好，放入冰庫冷凍（最好做好先吃一兩塊，確定它們很好吃）。

⠿ 布朗尼 *Make-Ahead Brownies*

1 像個專業主廚用烤盤做布朗尼。

2 在烤盤上墊上烘焙紙,布朗尼較容易脫模。

3 切割前先劃線。

4 用長刀切比較容易,切披薩的刀也很方便。

5 切成方形。

6 每一塊都用保鮮膜包好冰起來可保存數月,當你有即興晚宴時,布朗尼是很棒的小點心和甜點。

••• 玉米甜椒炸果條搭配墨西哥酸辣美乃滋 ••• 25個炸果條

我非常喜歡炸果條，部分原因在於做法太容易，容易到與它們的美味太不相稱，
這麼好吃又特殊的東西當然不應該這麼容易做。但當你理解到炸果條的麵糊只是
鬆餅麵糊去掉奶油和糖之後，必然能理解它們這麼容易做的原因，也知道它們的
變化型絕對無限。任何柔軟甜味的蔬菜，只要把炸果條的麵糊倒在上面拿去炸，
就變成很棒的炸果條。我已經做過各種口味，包括：咖哩豆、鹽醃鱈魚、櫛瓜、
蘋果，隨便什麼都可拿去炸。先選你最喜歡的口味就不容易出錯。在這裡我放的
是玉米、甜椒、洋蔥。蘸醬用加了萊姆汁和墨西哥醃燻辣椒的美乃滋，這種美味
組合讓我一次又一次不斷回味。

麵糊材料

- 1杯／140克麵粉
- 1茶匙泡打粉
- 1茶匙孜然粉
- 1/2茶匙芫荽粉
- 1/2茶匙鹽
- 1/2茶匙現磨黑胡椒
- 1/2杯／120毫升牛奶（可用水或高湯）
- 1顆蛋

蘸醬材料

- 3/4杯／180毫升美乃滋
- 1條泡在adobo醬汁中的chipotle辣椒，去籽切末
- 1湯匙新鮮萊姆汁
- 卡宴辣椒粉（自由選用）

炸果條材料

- 1杯／170克玉米粒（最好是新鮮的，但冷凍玉米也可以）
- 1杯／130克紅椒丁
- 1/2杯／50克洋蔥丁
- 3/4杯／7克新鮮香菜末
- 植物油，當炸油用

做法

1 所有麵糊材料放在小碗中拌勻，放旁備用。

2 所有蘸醬材料拌在一起，試味後再依個人喜好調味，你說不定想再多加些萊姆汁或卡宴辣椒粉。調好後放旁備用。

3 現在處理炸果條：將玉米、甜椒丁、洋蔥丁、香菜末和chipotle辣椒末放在中碗裡混合拌勻，倒入少量麵糊，攪拌一下，讓食材裹住黏在一起（也許不會用到全部的麵糊）。

4 烤箱預熱至200℉／95℃。在盤中舖上餐巾紙。

5 在長柄鍋中倒入1公分油，以大火加熱，當油熱了（大約350℉／180℃），就可以把蔬菜麵糊一湯匙一湯匙的丟下去炸（如果油溫升高，就把火關到中火）。每一面炸果條都要炸幾分鐘，盡量把顏色炸均勻。

6 撈出一條炸果條切成兩半看熟度。裡面應該炸透，麵糊不該有濕濕黏黏的地方。撈出所有炸果條放在舖好餐巾紙的盤子上瀝油。如果你要連續做很多批，可把做好的放入烤箱保溫。

7 請搭配蘸醬，趁熱吃。

玉米甜椒炸果條
Corn and Sweet Pepper Fritters

1 炸果條只是裹上鬆餅麵糊的美味食材，然後油炸。

2 使用適量的麵糊黏住食材就可以；油炸時麵糊會膨起脹大。

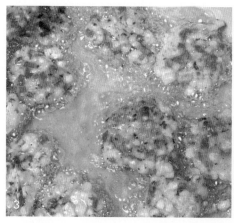

3 這裡用半煎炸的技巧炸果條，在鍋裡的油量需到炸果條的一半（儘管炸果條也可以直接用炸的）。

4 剖面圖顯示麵糊份量適當，蔬菜分布均勻，炸成這樣，就是永遠能激起我食欲的炸果條。

••• 熱漲泡芙搭配覆盆子果醬和糖粉 ••• 2個大泡芙或4個迷你小泡芙

這又是一道「有蛋才有它」的神奇料理，熱漲泡芙（popover）雖然不含脂肪，卻和乳酪泡芙和甜泡芙非常類似，也因為沒有脂肪阻止麵筋生成，所以吃起來比泡芙有咬勁，也更像麵包。但它們的膨脹原理是類似的，都是麵糊內外冒出蒸氣，充滿水氣的蛋白質讓泡芙爆開，甚至漲得比泡芙更大，因為麵筋讓麵粉更有彈性，所以熱漲泡芙的內層細緻，有些卡士達的質感，外層是金褐色的香脆口感。

因為熱漲泡芙裡面仍有水氣，冷卻時泡芙就會收縮，造成澎起的泡芙塌陷，所以拿出烤箱就得吃。如果還要等幾分鐘才吃，最好在烤好前5分鐘把它們拿出來，用削皮刀刺破每個泡芙的中心，再放回烤箱，讓泡芙內部受熱熟化時，也能散去水氣。

熱漲泡芙最適合週末，搭配果醬和糖粉就是一道療癒點心。請在上床睡覺前把麵糊拌好，蓋上蓋子，讓它在廚台上放一夜，到了早上要做時麵粉就已發酵好了。放在烤杯或迷你泡芙杯中烤，膨脹效果最好（我喜歡用後者），但是你也可以用其他烤模。

材料

· 1杯／240毫升牛奶

· 2顆蛋

· 1杯／130克麵粉

· 1/2茶匙鹽（如果使用無鹽奶油）

· 1/4杯／60克奶油，事先融化

· 覆盆子果醬，當配料用

· 糖粉少許，當配料用

做法

1　牛奶、蛋、麵粉、鹽（如果使用）放在中碗中以打蛋器打勻。蓋好，讓它靜置至少1小時，最長可放12小時。

2　烤箱預熱至450℉／230℃（如果你的烤箱在450℉／230℃時會冒煙，請把溫度調低至425℉／220℃），先把泡芙烤杯放入烤箱。等到要做時再把烤杯拿出來，放入奶油（如有使用），再把麵糊倒入杯子中，只要倒3/4的份量就可以。烤10分鐘，將烤箱溫度降到375℉／190℃，然後再烤25至30分鐘。拿一個出來試熟度，中間應該烤成凝固但仍是滑潤狀。

3　在熱漲泡芙上撒上糖粉，旁邊放果醬，做好請立即享用。

··· 天婦羅炸蝦與天婦羅蘸醬 ···

4人份，可作為第一道菜

在美國大多數的天婦羅麵糊都像是用低脂麵粉和無筋性澱粉調的，這種麵糊只為了酥脆。但事實上，當天婦羅於16世紀由傳教士從葡萄牙傳到日本，日本多加了一顆蛋，大幅提升了炸物的高度。加了蛋也加了風味，但如果你不小心，麵衣說不定會變軟而不酥脆。

我的食譜測試員馬修·茅原對日本料理很有興趣（他自己就有1/4的日本血統），我要求他創作全份食譜，不止是麵糊配方，還包括日式高湯dashi（用昆布和柴魚片做的簡單但優雅的湯），以及用日式高湯做出來的傳統天婦羅蘸醬tentsuyu。馬修表示，做高湯要用軟水，如果你住的地方用的是硬水（水中的碳酸鈣含量超過60 ppm就是硬水），請用瓶裝水。他還指出，日式高湯很不穩定，應該當天做當天用（這應該不是問題，因為做日式高湯又快又簡單）。做出的高湯份量應該會比需要的多一些，可拌入幾湯匙味增醬，作為搭配炸蝦的湯。

我們發現，炸蔬菜冒出的水氣會讓麵衣變軟，所以我們改做炸蝦。關鍵是麵糊要在炸之前再做，且不要再攪動它，越不攪麵筋越不容易生成，所以浮在麵糊上的乾粉小疙瘩就越少（如此會讓麵糊有最大脆度，就像用低筋蛋糕粉做的一樣）。如果還想更脆，有些主廚會蝦子入鍋後，在蝦子身上再灑少量的麵糊。

日式高湯材料

· 1升水（見上方說明）

· 15克昆布（4小張或1大張）

· 25克柴魚片（約1杯）

蘸醬材料

· 1/2杯／120毫升醬油，最好是日式醬油

· 1/2杯／120毫升米酥

· 2到3湯匙／60到90毫升米酒醋

· 1/4杯／60克蘿蔔泥，倒掉多餘水分

· 1湯匙生薑泥，倒掉多餘水分

炸蝦材料

- 16隻大蝦（約450克），尾巴留著，剝殼去泥腸
- 植物油，油炸用
- 1/2杯／70克蛋糕粉
- 2湯匙／15克玉米粉
- 1顆蛋，打散備用
- 冰水，加入蛋液，做成150毫升蛋水

做法

1　日式高湯的做法：準備一個中鍋，放入水和昆布，以大火煮到140°F／60°C，然後把火關小維持溫度，讓昆布燙1小時。昆布拿掉後將溫度提高到175°F／80°C，加入柴魚片浸泡20秒，然後在篩網上舖上咖啡濾紙，過濾高湯。

2　蘸醬的做法：準備小鍋，放入2杯／480毫升高湯，然後加醬油、米酥、醋，以中火加熱。煮到微滾後鍋子離火，放入蘿蔔泥和薑泥，蓋上鍋蓋後放旁備用。

3　為了防止蝦子油炸時捲曲收縮，先把蝦子放在砧板上壓過，壓到失去蝦子形狀，抓起尾巴會有氣無力的垂下來。

4　準備大號深鍋，放入7.5公分的油，以高溫熱油，熱到350°F／180°C。在盤子舖上餐巾紙，放旁備用。

5　油熱了後，準備炸粉，將麵粉和玉米粉拌在一起。把蛋敲入另一個碗中，放入冰水一起打散，然後加入粉料用筷子輕輕攪拌，拌成浮著疙瘩的麵糊。蝦子裹上麵糊後放入鍋中炸2到3分鐘，炸到顏色呈金褐色且酥脆熟透。把炸蝦放在墊了餐巾紙的盤子上濾油，請搭配蘸醬立刻食用。

RECIPE NO.70

••• 可麗餅 •••   8到10個

可麗餅是最薄的蛋糕，是在家庭廚房最應該常做卻未被充分使用的料理。在麵團麵糊範疇中，可麗餅算是最稀薄的麵糊，加入神奇的蛋，就能煎成像煎餅一樣，很容易做。我喜歡把它們當成處理隔夜菜的工具，它們可以把隔夜菜變成煥然一新的菜色。當你有剩菜時，就像做白醬燉小牛肉（見p.205）或白酒燉雞（見p.208）有剩下時，就可以利用這道食譜應用可麗餅。或者你很喜歡奶油羊肚菌，但是不想做歐姆蛋（見p.100），可麗餅也是把這些菌菇包起來的好東西。只要在可麗餅麵糊中加入香蔥或其他香草，該放水的時候以高湯代替。如果你想要做個簡易迅速的甜點，我在這道食譜後放了柳橙醬可麗餅的做法。如果想吃冷盤，就把可麗餅塗上鮮奶油。可麗餅可以事先做好，拿出來回溫即可。

下面列出可麗餅麵糊的簡單比例：以重量算，2份液體、2份蛋，對上1份麵粉（液體：蛋：麵粉＝2：2：1）。所以如果你只想做一人份，可以把1顆蛋先秤重，拌入同樣重量的液體，再加入對半重量的麵粉。1顆蛋可做兩個20公分的可麗餅。

材料
· 4顆蛋
· 1杯／240毫升牛奶、水或高湯
· 鹽少許
· 1杯／130克麵粉

做法
1　食材攪拌均勻，讓麵糊靜置15分鐘，最長可放到數小時。

2　準備鍋子，鍋面大小最好有20公分，當然最好是不沾鍋；如果你有可麗餅鍋，也可使用。鍋子以中低溫熱鍋，在鍋上擦上極少的油或奶油，倒入比半杯還要少的麵糊，只要覆蓋鍋底就可以。

3　可麗餅可以不用翻面，只煎一面，但如果你喜歡吃面上較焦黃的，兩面都煎也可以，以中火煎熟。煎的過程只會花1分鐘左右。

4　可麗餅上桌時，可以在中間塗上你喜歡的餡料，折起來包好，撒上新鮮香草就可以吃了。

••• 柳橙可麗餅 •••

材料

- 1/4杯／60克奶油
- 1/4杯／50克糖
- 1/4杯／60毫升新鮮柳橙汁
- 1顆柳橙皮碎
- 8至10張可麗餅
- 1/3杯／75毫升Grand Marnier香橙酒或其他柳橙利口酒

做法

1　在煎鍋中放入奶油、糖、柳橙汁和柳橙皮碎以中高溫煮到微滾，然後關小火。可麗餅放在醬汁中回溫，一次一張，一面熱一面將餅對折再對折，折到成為1/4圓。每片折好就推到鍋子邊，全部煎好折好，也在鍋子中疊成一圈。鍋子離火，加入香橙酒（此時爐火要關掉，因為當你倒酒時，很可能會激發火焰，整瓶酒都可能爆開）。之後繼續以中高溫加熱，把鍋子靠爐火傾斜，一邊把酒點燃，或直接劃一根火柴或用打火機直接點燃把酒精燒掉。

2　做好請立即享用。

Part
Five

{ 蛋 | 分開利用
  蛋黃

好，我們現在來想想蛋白和蛋黃，不是一刀兩斷各走各的，因為它們天生就是一家，而這也是最好狀態。但目前我們將它們分開說明。

蛋白是家裡的男人，蛋白質先生，一眼看透，不拖泥帶水，非常好用，但也平淡單調。蛋黃就如女人，天生尤物，愛操控，明豔亮麗，濃郁營養，秀色可餐，是生命中心。無論如何，這是一個男人對雞蛋的看法。

蛋黃是我最愛的雞蛋成分，上述理由說明一切。卡士達醬裡有沒有放蛋黃差異非常明顯。如果操作正確，全蛋做成的卡士達光滑如絲，卻結實得像可以咬的食物；反之，如果只放蛋黃，卻極度的柔軟滑順，讓人回味無窮，這樣的卡士達是無法乾淨切下的，你也不該切它，應該用湯匙舀，讓軟嫩輕柔的口感在舌尖停留。

就因為它是軟的，所以最好用酥脆的東西包住。這也是焦糖布丁是完美甜點的原因，不只因為它的簡單，也因為它的內容，表面有苦甜的脆層，內層卻有柔滑深度，滿足我們幼年時代對甜滑食物的需求與依戀，也滿足我們成年時期對質地對比與細緻口感的欣賞與喜愛。

對那些熱愛烹飪藝術的人來說，蛋黃是了不起的工具，能把植物油變成半固體的絕佳調味品，能把奶油變成誘人的醬汁，還能把鮮奶油變成桌上無與倫比的潤滑劑。

裝飾配菜

家庭廚師總以為配菜就一定是放在食物上的裝飾,只為了美化,為了增進美感,或者添加風味。所謂「內部配菜」就很少聽人提及。例如你看到豬肉陶罐派裡有開心果和櫻桃乾,那些紅紅綠綠的風味碎片其實就是裝飾配菜,只是它們放在食物裡而不是放在食物上。還有你會在番茄乾裡填上肉團,這也是內部配菜。內部配菜不僅是專業術語,它的意義有助於我們思考這些食物的功用。我喜歡這個詞彙,在p.199的義大利蛋黃餃中我就使用這概念,把蛋黃放在餃子裡面,當你做好一刀切開,增加的不但是味道,還有視覺效果。

••• 義大利蛋黃餃 •••

8份第一道主菜或4份輕食

這真是以蛋為中心的一道菜,使用加蛋麵團包住蛋黃,餃子用蛋液封口。我喜歡把蛋黃包在義大利麵裡面,也許最愛的地方就在於呈現整顆蛋黃的料裡方式。切下時看到蛋黃湧出,整道菜的味道變得這麼有味濃稠,真是驚喜。這不是一道平日會吃的普通料裡,但是義大利餃和醬汁可以事先做好放在冰箱裡,等最後一刻才拿出來完成。你想放任何配料都可以,或者不放也行。住在克里夫蘭的大廚麥可·西蒙以前會用蛋黃餃搭配ricotta乳酪,就是他教我在蛋黃上放一點乳酪的小魔術,他說這樣蛋黃就不容易破。在這道食譜裡,我用的是味道強烈的乳酪,但是你也可以只用一些焦糖化的洋蔥、炒過的菠菜或煎過的香菇丁,只要是軟的都可以用。一份蛋黃餃是很棒的第一道主菜,如果兩份以上就是一餐了。

某些市場有賣做義大利餃的麵皮,但你會想自己做的,因為自己做的最好。有些人會覺得用擀麵機最薄口徑擀出來的麵皮很難操作,所以只把麵皮擀到倒數第二個口徑也沒什麼不可以。切餃子時,可以用圓型玻璃杯或滾輪刀切出美麗的圓形餃子;但我都做方型的,因為我不喜歡浪費麵皮。

再一次重要提醒:每一種蛋黃都不一樣,超市賣的蛋黃多半很脆弱,動不動就破了。如果你買到這種蛋,請千萬要溫柔,用乳酪和洋蔥做個軟墊子來放蛋。

材料

· 2茶匙植物油

· 1顆洋蔥,切細絲

· 60克chèvre羊乳酪,室溫下放軟

· 1湯匙牛奶或鮮奶油,室溫下回溫

· 鹽和現磨黑胡椒

· 1/2份義大利麵團(見p.142),用擀麵機最小口徑擀過,切成4片,
　每片長寬約46×11公分

· 8顆蛋黃(要留一些蛋白刷麵皮,其餘可冰起來另做他用)

· 1/4杯／60克奶油

· 1/2杯／60克杏仁片

· 2瓣大蒜,切末

· 1湯匙新鮮百里香,外加幾支帶枝小葉

做法

1 準備小醬汁鍋，以中低溫先熱油。之後放入洋蔥炒軟，不時拌炒一下，炒到洋蔥完全焦糖化，甚至軟到有些糊。依照使用的火力，炒到這樣程度可能需要數小時。（你可以在做湯或做其他菜時先炒一大批，用小保鮮盒分別裝好。）

2 chèvre羊乳酪用牛奶拌開，加鹽和胡椒調味。拌開的時候可以用叉子，按壓乳酪和食材，讓乳酪更分散。

3 在撒上麵粉的工作台上舖好兩張義大利麵的麵皮，沿著麵皮每隔11公分的地方畫一個記號做蛋黃餃的定位點（兩張麵皮共做4個蛋黃餃，其中一張麵皮要做底，另張麵皮就是面）。拌好的chèvre羊乳酪在一張麵皮的餃子中心放1或2湯匙，再放上炒到褐色軟爛的洋蔥，在餃子皮中間做成一個軟墊子，這是用來放蛋黃的（如果你不把墊子做高一點，蛋黃會滑走）。在每個乳酪洋蔥墊上面放一顆蛋黃，然後再在每顆蛋黃上塗一小塊乳酪。

4 沿著內餡邊緣刷一層蛋白，麵皮蓋上兩面就會黏住。另一張麵皮蓋在蛋黃上，中間蓋緊，封住蛋黃，若有空氣氣泡，請把它擠掉。用披薩刀（如果你有可切出花邊的滾輪刀更好）或普通刀子把餃子切下。如覺得需要，可用針在餃子上刺洞把空氣擠出來（不然餃子在滾水中受熱空氣膨脹就會浮起來。如果浮起來，請小心地把餃子翻個面，輕按下方，讓餃子均勻受熱）。剩下兩張麵皮也是以同樣方法包上內餡。

5 用大火煮一鍋開水，加入足量的鹽，讓煮麵水的鹹淡和湯一樣（每加侖水要放2到3湯匙鹽）。餃子下鍋煮2分半到3分鐘煮到軟，然後用漏勺撈出瀝乾。煮熟的蛋黃餃可在一天前先做好，放入冰水浴中冰到完全冷卻，放在舖了餐巾紙的盤子上瀝乾。然後用保鮮膜包好，放到冰箱冷藏。到了要進行下一個程序時，再把蛋黃餃放在室溫回溫。

6 奶油和杏仁片放入大炒鍋（最好是不沾鍋），以中高溫加熱攪拌。奶油融化後就放入蒜末和百里香一起煮，煮到奶油開始冒泡就加入煮熟的蛋黃餃，視需要也可分批加入，小心地把義大利麵翻過來再煎，不然就用湯匙把融化的奶油舀起淋在餃子上。只要餃子完全煮透，就可以移到盤子上，再舀幾瓢褐色奶油和杏仁片，還加上幾支百里香葉做裝飾。做好請即刻食用。

⠿ 義大利餃 *Egg Ravioli*

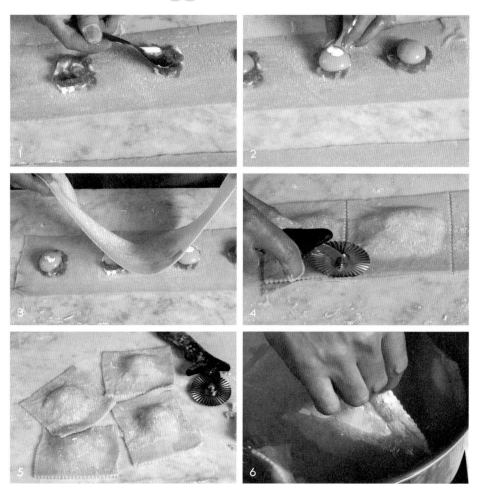

1 用乳酪和焦糖洋蔥在麵皮上做可以放蛋的墊子。

2 蛋黃放在乳酪和洋蔥做出的墊子上，並在上面塗一點乳酪，可避免蓋上另張麵皮時
弄破蛋黃。

3 在蛋黃上蓋上另張麵皮。

4 我喜歡用有花邊的滾輪刀把餃子切出波浪狀，但是用普通刀子也可以做出花樣。

5 包好整型好的蛋黃餃，準備下鍋。

6 煮蛋黃餃。

7　用大蜘蛛網杓把蛋黃餃撈出來。

8　如果你不想現在煮，可放入冰水浴中冰鎮。不然可直接入鍋。

9　餃子放入有褐色奶油、大蒜、杏仁、百里香的醬汁裡煮就好了。

蛋／分開利用／蛋黃／生的

增味劑

在下面食譜裡，蛋黃將視為一種食材，用來作為其他食材的增強輔助。不是把其他食材轉化成另一種樣貌，而是與它們融為一體，增加料理的深度及豐富。首先介紹以生蛋黃增味的料理。凱撒沙拉的醬料要用生蛋黃強化味道，但就像我說的，油醋醬裡的蛋黃可作為食材又是一種工具，也可以煮熟了放在醬汁裡增強風味，就像用在乳酪培根蛋麵或白醬燉小牛肉裡一樣。這兩道菜色都用了一種混合了蛋和鮮奶油的連結劑──奶蛋糊。重要的是，放入奶蛋糊之後，料理就不要再煮得太久了，因為蛋黃凝結會讓你的菜看來太濃稠。

RECIPE NO.73

••• 凱撒沙拉淋醬 •••

4人份

我第一次吃到真正的凱撒沙拉是在美國廚藝學院的艾斯可菲廳，一個只做經典老菜的餐廳。叫了兩份凱撒沙拉，由廚藝學院的學生做桌邊服務，只見她用木碗攪拌要淋在萵苣上的醬汁。她先把大蒜和鯷魚在檸檬汁裡搗成糊狀再加入蛋黃和油。她做得很專業，向我示範了做油醋醬該是多麼簡單的事。她也秀給我看沙拉沾附醬汁的最好方法應該是把萵苣加入醬汁裡拌勻，而不是把醬汁淋在萵苣上（或者，你可以把油醋醬沿著碗邊淋下去，一面攪拌萵苣，這樣就不會淋下太多醬。不管哪種做法，目的都在讓萵苣沾附醬汁而不是淹在醬汁裡）。我也看過我的表弟羅伯在做凱撒沙拉時也做過類似表演，他大大方方地在碗裡敲了一顆蛋黃，雖然愛現，也是簡易沙拉的平日吃法。這道醬汁的主要特色是蛋黃，它是沙拉醬的增味劑，但也看你的做法決定醬汁的濃稠度，若把油放入檸檬汁裡乳化，醬汁就會變濃滑。醬汁中大蒜和鯷魚的味道應該是細微的，有味但不搶味。

這是我們家的常用醬汁。我會把手持攪拌器裝上切碎器攪拌醬料，一方面讓鹽融化，也讓泡在檸檬汁裡的大蒜嗆味更柔和。放入的食材我都不量，只是攪拌、試味，然後再加油，直到味道剛好。如果我喜歡濃稠一些，就先加一點油徹底攪拌，讓乳化過程更穩固，如果需要，還可多加油。如果沒有鯷魚，也可用半茶匙的美味魚露代替。

材料

· 半顆檸檬的檸檬汁，約2湯匙
· 1瓣大蒜，搗成蒜泥
· 1大把鹽
· 現磨黑胡椒少許
· 2隻鯷魚，搗成糊狀
· 1顆蛋黃
· 1/2杯／120毫升植物油，視需要再多加
· 450克蘿蔓生菜，切成或撕成一口大小
· 1至1.5杯／30至45克麵包丁

做法

1   如果依照傳統方法，手工攪拌凱薩醬汁，請先準備大沙拉碗，將檸檬汁、蒜泥和鹽放入靜置5到45分鐘。然後加入黑胡椒、鯷魚、蛋黃和油，用打蛋器拌到均勻混合。試吃調味，如需要再多加一點油。

2   要做濃稠的凱薩醬，就將手動攪拌器裝上切碎器，將檸檬汁、大蒜和鹽先打散混合，靜置5到45分鐘。再加足量的胡椒、鯷魚和蛋黃，按一兩下迅動功能鍵，讓醬料完全混合。然後加一小匙油，用攪拌機打到完全融化。再加入剩下的油，打到濃稠。試吃之後，覺得需要再加油攪拌。

3   蘿蔓放入醬汁中，或把手持攪拌機做好的醬汁像上述所說的沿著碗邊淋下，拌到均勻沾附，最後撒上麵包丁，即可享用。

••• 白醬燉小牛肉 •••

4人份

白醬燉小牛肉,就是blanquette de veau的全部內容。非常了不起的一道菜。說起我對它的愛,就不免要提到我在美國廚藝學院的那段日子。我那時修習的課程是「豪華自助餐宴準備」,正逢畢業生晚會,尊崇的校長費南德·梅斯(Ferdinand Metz)將蒞臨晚會現場品嘗美食。負責指導我們的主廚魯迪·史密斯(Rudy Smith)是位好老師與天才主廚,他對我們說,梅斯校長吃的燉肉一定是極度精緻的燉肉,「在他吃之前,沒人敢動那道菜,」他說:「你們一定要知道菜單的全部細節。要為你所知道的感到驕傲;記得與梅斯先生分享。有一件事絕對不該做,那就是在他面前胡搞。」

所以從那時候起,白醬燉小牛肉就是豪華宴席的指標,一塊不起眼的肉因為燉煮而提升為精緻餐點,成為知名主廚的最愛,而他曾在Le Pavillon餐廳成就事業,而Le Pavillon則是引進法式料理成為美國精緻美食指標的餐廳。這道料理的小牛肉需要先汆燙,以防蛋白質凝結,影響當底醬的白色牛肉醬。底醬需要用鮮奶油和我們的主要食材蛋黃增強味道,用鮮奶油和蛋黃拌勻做成的芡糊就是知名的奶蛋糊,它和最後收汁用的融化奶油(monté au beurre)有同樣效果,只是較稀較清淡。

我曾經以為,只要加熱,蛋黃就會使醬汁變濃稠,但並不是如此,這是我在大眾面前示範教學時學到的。看著蛋一面煮,一面在可愛醬汁中凝結,我發現,加了奶蛋糊之後只會讓醬汁味道加強,所以醬汁應該在加入奶蛋糊前先調到預期的濃度。奶蛋糊改變的是質地而不是濃度,它就如緞面的袍子。

我不建議用市售高湯做白醬燉小牛肉,高湯的品質對這道菜太重要,我比較喜歡用牛肉或小牛肉做的白色高湯,也就是用汆燙牛骨做的湯,而不是用烤過大骨做的湯,但是你當然也可以用烤大骨做的高湯來做。

材料

- 675克小牛肉
- 1顆洋蔥,切成中丁
- 4湯匙／60克奶油
- 鹽
- 1/2杯／120毫升無糖白葡萄酒
- 1公升濃郁的白色牛肉高湯
- 450克蘑菇,切成4塊

- 16到20顆珍珠洋蔥,燙過後去皮(約1杯份量)
- 1/4杯／35克麵粉
- 1茶匙新鮮檸檬汁或白葡萄酒醋
- 1/2杯／120毫升高脂鮮奶油
- 3顆蛋黃
- 熱好的奶油蛋麵,搭配小牛肉一起食用
- 1湯匙新鮮巴西里末,最後裝飾用

做法

1 在鍋裡放入小牛肉，加水蓋住。開大火煮到水滾，然後立刻過濾，小牛肉放在冷水中沖涼沖乾淨。

2 準備一個中型醬汁鍋，放入洋蔥和半湯匙奶油，以中火加熱拌炒洋蔥。放1撮鹽，炒幾分鐘，炒到洋蔥變軟卻不到焦褐的程度。此時倒入酒，煮到小滾。

3 加入汆燙過的小牛肉及白色高湯，加1大撮鹽，煮60至90分鐘，煮到牛肉軟爛（這道程序可以在吃的3天前先做好，放入冰箱等到要完成時再拿出來）。此時高湯份量應該減少了1/4，將燉好的小牛肉蓋上鍋蓋，到你要完成時才進行下一道程序。

4 在燉肉同時，可以將蘑菇用半湯匙奶油以中火煎軟。在燉肉完成前20分鐘，再把磨菇和珍珠洋蔥一起放入鍋中。

5 同時，在小炒鍋裡加3湯匙奶油以中火熱油。當奶油裡的水都煮掉冒出微小泡泡時，放入麵粉慢慢拌炒，炒到變成稀薄糊狀，生麵粉的味道都被炒掉了，麵糊就炒好了。你希望麵糊是熟的，而不是炒到變色，要炒到味道聞起來像派皮。這時候麵糊就可以離火放涼了。

6 如果小牛肉是之前做好的，請把它搬回爐上回溫，熱到冒出小泡泡時再把麵糊放入鍋裡煨5分鐘左右，如有泡沫浮到湯面上請撈掉。試吃後調味，如果覺得需要，就再加一點鹽和幾滴檸檬汁或白酒醋。

7 鮮奶油和蛋黃拌好後輕輕拌入牛肉濃湯中。此時把火力開回大火，把燉肉煮到微滾就好。然後把白醬燉肉放在蛋麵上，撒上巴西里，立刻上桌享用。

··· 白酒燉雞 ···

4人份

白酒燉雞和白醬燉小牛肉很像，都要把肉先煎過，最後加入醬汁。但不同處在於白酒燉雞不需費什麼工夫就能把料理完全提升。雞肉和洋蔥可以一起煮，再加入高湯或水煮到濃稠，最後加入奶蛋糊。我喜歡這道菜的原因正是它利用奶蛋糊使菜色變得精緻的方法，一道簡單質樸的燉菜因奶蛋糊而變得豐饒美味。這道萬用醬汁加入不同香料就有無數變化方式，你可以在加入高湯前，先把咖哩與辣椒粉放入燉雞內。

材料

· 1顆洋蔥，切成中丁　· 2根胡蘿蔔，去皮切成中丁（如果使用高湯，胡蘿蔔可不用）

· 4湯匙／60克奶油　· 鹽　· 8隻雞腿，去骨去皮，切成一口大小

· 1杯／240毫升無糖白葡萄酒　· 1公升自製雞高湯或水

· 2片月桂葉（如果使用高湯，月桂葉可不用）　· 450克蘑菇，切成4塊

· 16到20顆珍珠洋蔥，燙過後去皮（約1杯份量）　· 1/4杯／35克麵粉

· 1/2杯／120毫升高脂鮮奶油　· 3顆蛋黃　· 熱好的奶油蛋麵，搭配燉雞一起吃

· 1湯匙新鮮巴西里末，最後裝飾用

做法

1　準備中型醬汁鍋，放入半湯匙奶油，以中火翻炒洋蔥和胡蘿蔔（如果使用），放入1大撮鹽，把蔬菜炒軟卻不到焦褐程度。加入雞肉煮3到5分鐘，煮到粉紅色的生肉顏色都不見。加入白酒，煮到微滾，然後再加入高湯、月桂葉（如果使用）和1大撮鹽。用慢火煨30分鐘左右，煨到雞肉軟爛。

2　一面燉雞，一面炒蘑菇。鍋裡加半湯匙奶油，用中火把蘑菇炒軟。再把蘑菇和珍珠洋蔥放入燉雞中。

3　同時，準備一個小炒鍋，放入3湯匙奶油以中火熱油。當奶油裡的水都煮掉冒出微小泡泡時，放入麵粉慢慢拌炒，炒到變成稀薄糊狀，生麵粉的味道都被炒掉，這就是炒油糊。炒好的麵糊是熟的，而不是炒到變色，要炒到味道聞起來像派皮。這時候麵糊就可以離火放涼了。

4　如果燉雞是之前做好的，請把它搬回爐上回溫，熱到微滾時放入麵糊再煨5分鐘左右，如有泡沫浮到湯面上請撈掉，試吃後調味，如果覺得太淡就再加一點鹽。

5　鮮奶油和蛋黃拌好後輕輕拌入燉湯中。此時把火力開回大火，把燉雞煮到微滾。然後把白酒燉雞舀在蛋麵上，撒上巴西里，做好就可以吃了。

工具

美乃滋

　　把油和水乳化在一起，這是蛋黃最了不起的星級成就，也就是說，藉由機械式的攪打，蛋能把無窮油滴分散到細薄水層中。這就是透明、流動的植物油如何變成不透明、半固體的濃醬。加入味道之後，濃醬就變成令人驚奇的醬汁。只用檸檬汁和鹽就夠了，就足以成就神之美物。或撒一些卡宴辣椒粉，用萊姆汁代替檸檬汁，你的心情會如爵士樂手般翻騰激動。如果蛋在加入油汁前先加熱打成發泡狀，你就走進了偉大法式奶油乳化醬的領域。

　　但這話說得太早，有些好高騖遠了。

　　首先把基本美乃滋做好吧！重要的是先認識你從賣場架子上拿的Hellmann's美乃滋是真的美乃滋，但就算是Hellmann's也和自己手工做的不一樣。對於美乃滋，我覺得廚師有責任指出我們購買的廠牌名稱，並說明「home-made」──「手做」美乃滋的意思是「家裡做」的，還是「自己動手做的」美乃滋。也許以後這個字應該簡略為「my-own-made」──「我自做」，如此就能區別不同產品。我個人喜歡在某些狀況使用Hellmann's美乃滋，就像在做煎蛋三明治時（見p.31）。但不管是哪家店，都買不到你在家自己做的美乃滋。

　　其次，有好幾種方法做美乃滋：你可以用打蛋器和碗，或用缽和杵，或用手持攪拌機裝上葉片式攪拌器，或用手持攪拌棒裝上打蛋器。

　　最後，做美乃滋的關鍵有兩個層面：你必須準備蛋黃，但份量不重

要；你必須準備水或以水為基底的東西（如檸檬汁），但它的份量非常重要，這才是讓醬汁結合的關鍵。相對於水，油如果用得太多，醬汁就會油水分離，變回油的狀態。

加入蛋黃的作用是要加入卵磷脂。就如之前我寫的，這個小分子是個壞胚子，一邊和油脂做朋友，一邊和水做朋友，和油做朋友的一邊崁入油滴，和水做朋友的一邊連結水滴，加強維持乳化液的屏障。哈洛德·馬基在《食物與廚藝》中表示，一個蛋黃所含的卵磷脂就足以乳化好多好多杯油（假設有足夠的水）。水量的多寡也會依據乳化工具的力道而有所不同。我發現，1份水可以用來打20份油，也就是1盎司水可以打2杯半的油，或是10克的水可以打200克的油（看到沒？當你使用公制時，比例變得多簡單）。如果你發現你的美乃茲已經快要油水分離了，請灑少量的水，至於要灑多少水則是靠直覺、經驗和恐懼。水太多是不會讓美乃滋油水分離的，只會讓它更稀薄。在這種情形下，就要放更多油進去乳化，也要調整調味料，讓濃度和味道都調回你想要的狀態。

另外要注意的是鹽不容易在油脂中融解。我總是把鹽加入以水為基底的材料中，所以鹽會在水基食材中融化，然後均勻分布在醬汁中。

於是，我們離世上最偉大的醬汁只有幾步之遙。

要做出成功的美乃滋，使用打蛋器是最能控制醬汁的方式，但我從來沒有這樣做過，因為太花時間。做美乃滋最快的方法是拿手持攪拌機伸進2杯／480毫升的量杯中打，如果你的葉型攪拌棒幾乎碰到量杯底部的話，那是最好。美乃滋可以在材料放好後的30秒內打好，缺點是在油水分離之前你只能做出3/4杯／180毫升的量。如果要這樣做，請在量杯中放入水、鹽、蛋黃，用攪拌機打，然後在杯子裡加入1、2滴油，然後把剩下的油慢慢倒進去，一面倒一面把葉型攪拌棒上下移動，直到油全部加入。此時應該會打出尖端豎立的濃稠美乃滋。

用手動攪拌棒裝上打蛋器放在1公升的量杯裡打也很容易，也可在短時間內做出很多美乃滋。

⋯⋯ 基本美乃滋 ⋯⋯

1杯／240毫升

這是一道簡單又美味的萬用美乃滋。加了它,所有料理都會更美味,從做蛋沙拉到抹三明治,只要用自己打的美乃滋,就算搭配簡單的培根、萵苣、番茄也是棒得不得了。把它舀在蘆筍和水煮花椰菜上,或者拌著朝鮮薊一起吃,或者把它和在白煮蛋碎裡,或者和龍蝦一起包起來。美乃滋總是能在試吃後調整成自己喜愛的味道,請特別注意酸度和使用方法。

材料

· 1湯匙新鮮檸檬汁
· 1茶匙水
· 鹽
· 1顆蛋黃
· 1杯／240毫升植物油

做法

1 檸檬汁、水和1大撮鹽放入2杯／480毫升的玻璃量杯,先攪拌一下讓鹽融化。加入蛋黃用打蛋器攪打,一面拌一面用力甩入一滴、兩滴、三滴油,然後慢慢地將其餘的油倒成細線慢慢加入,持續攪拌。但如果手臂太酸,也可中間停一下,美乃滋不會塌掉的。

2 或者你可以用手持攪拌機攪拌。讓油順著湯匙尖端滑下一兩滴,滴入正在轉動的檸檬蛋液啟動乳化。等到乳化狀態相當穩固了,然後再把剩下的油倒成細線慢慢加入。如果一下變得太稠,就灑一兩滴水。

3 可直接使用,或放在有蓋容器中,放入冰箱最久可保存3天。

變化版

如果要做蒜味美乃滋(aioli),只要加入1、2瓣蒜泥,油脂部分使用橄欖油或混合蔬菜油和橄欖油--一起使用。當天做好必須當天使用。

··· 檸檬紅蔥美乃滋 ···

3/4 杯／180毫升

這是百搭美乃滋，任何需要搭配美乃滋的東西用這款準沒錯。它的味道好到你幾乎想拿湯匙挖著吃，我媽有時就會這樣！我喜歡用它搭配朝鮮薊（見p.44）和蛋沙拉（見p.33），但搭配別的東西如魚、雞、各種蔬菜都很適合。你要在吃的前一天做好，放在冰箱一天，但如果超過最佳賞味期太久，紅蔥頭的味道會走味。

材料

· 1湯匙外加2茶匙新鮮檸檬汁　　· 1湯匙紅蔥頭末　　· 1/2茶匙鹽　　· 1茶匙水
· 1顆蛋黃　　· 卡宴辣椒粉少許　　· 3/4杯／180毫升植物油

做法

1　紅蔥頭末和1湯匙檸檬汁拌好，放旁備用，開始做美乃滋。

2　剩下的2茶匙檸檬汁放入大碗，加入鹽、水、蛋黃和卡宴辣椒粉（如果你使用手持攪拌機，大碗就換成大的玻璃量杯，請見p.211，這是我較喜歡的方法）。用打蛋器把食材拌勻，讓鹽融化。持續攪拌，然後灑入一滴、兩滴、三滴油，啟動乳化程序，等乳化固定後，慢慢將其餘的油倒成細線慢慢加入，持續攪打，打到油完全融入，美乃滋變得濃稠華麗。拌入紅蔥頭和檸檬汁。如果用手持攪拌機來打，可在打出一大坨美乃滋後拌入紅蔥頭，如果想要口感更滑順，就把紅蔥頭先加入蛋黃拌勻後再打醬。

如何修補油水分離的美乃滋 ●●●●●●●●●●●●●

　　有時美乃滋會被打成油水分離。它發生得很快，從濃醬變成像羹湯一樣可能只是一眨眼的事，更可能它只是變得稀薄起疙瘩，但也沒理由把做好的醬就丟了。請另外準備乾淨的碗或容器，放2茶匙水，將油水分離的美乃滋倒進去——先倒一滴、兩滴，剩下的再慢慢地細細流進水裡，持續攪拌。如果在重新乳化前，你為了保險起見，想在水裡多加一些蛋黃，這是可以的，但通常並不需要。

⋯ 烤雞沙拉佐墨西哥酸辣美乃滋 ⋯

4人份

用自己做的美乃滋做惡魔蛋會比較好，同樣的情形，只要做出你要的酸辣美乃滋，一道普通的烤雞沙拉也會提升為精緻料理。這是極富戲劇化的酸辣版本，美乃滋加了墨西哥chipotle辣椒和萊姆汁，用孜然提味。當然紅蔥頭末也成為要角，它的多用途是小廚房的神奇力量。若加上柑橘，整個乳化醬汁散發誘人香氣。

我們夏天經常烤肉，總會剩下些肉，當然要善加利用才好。燒烤的風味配上chipotle辣椒的醃燻辣味還有萊姆，這樣的搭配剛剛好。當然任何烤雞都可以使用，甚至是…唉…烤過的無骨雞胸肉也可以（事實上，雞胸肉也許是美國餐飲文化可悲主食的少數救贖之道）。但這道料理偏好的肉類應該是帶皮的烤雞腿肉。請記得，雞皮本身主要是蛋白質，由皮下的脂肪層撐起，而這是非常美味的東西，可以切成細末放入沙拉中。

這道菜做午餐很棒，如果天氣太熱，不想使用爐子，它也是一道絕佳的晚餐。它是剩菜變身的完美例子，把美乃滋做成自己喜歡的味道，在它的幫忙下，剩菜也能成為出色主食。除了烤雞腿，酸辣美乃滋也適用於爐烤或燒烤的牛肉、豬肉、羊肉。如果吃素，也可以用烤馬鈴薯代替肉類。

這道料理有濃、鹹、酸、辣的風味，唯一缺少的是甜味，所以我加了香煎洋蔥作為最後的平衡要素。如果你的時間很趕，可以省略它。但香煎洋蔥的香味真是太神奇了，何料理只要加上它，味道都多了深度。我在美乃滋裡加了一點魚露調味，這是另一種能額外提供深度的鮮味食材（但其實你不可能真的去嘗它的味道）。

請把烤雞沙拉放在凱撒麵包捲上，或搭配奶油萵苣，旁邊放著烤過的長棍麵包。

材料

- 1湯匙新鮮萊姆汁
- 1茶匙水
- 1/2茶匙鹽
- 1/4茶匙魚露（自由選用）
- 2支泡在adobo醬中的Chipotle辣椒，去籽切細末
- 1顆蛋黃
- 3/4杯／180毫升植物油

- 450克烤雞腿，去骨切碎，在室溫放涼
- 1/2顆洋蔥，切成中丁，用少許油以中大火炒軟，炒到邊緣有一點焦黃，就可放涼備用（自由選用但推薦）
- 2至3根芹菜莖，切成小丁
- 奶油萵苣
- 4個凱撒麵包卷或1條長棍麵包，可隨意先烤過

做法

1 美乃滋的做法：萊姆汁放入大碗中，加入水、鹽、魚露（如果使用），還有墨西哥
   chipotle辣椒末以及蛋黃（如果使用手持式攪拌機，大碗可換成大號的玻璃量杯，就
   如p.211的說明，這也是我較喜歡的做法）。用打蛋器將食材攪勻，讓鹽融化。一面
   持續攪打，一面加入一滴、兩滴、三滴油，啟動乳化程序，等乳化固定後，將剩餘
   的油倒成細線讓它慢慢流入碗中，打到油與食材全部融合，美乃滋變得濃厚豐郁。
   試吃味道。美乃滋的味道應該就如油醋醬，且辣味很重，如果不夠可多加一點萊姆
   汁及辣椒。

2 雞肉、洋蔥（如果使用）、芹菜和美乃滋拌勻。試吃後以鹽、辣椒或萊姆汁調味，
   直到味道完美。

3 上桌時請搭配萵苣和麵包捲或長棍麵包一起享用。

蛋／分開利用／蛋黃／熟的

醬汁

RECIPE NO.79

••• 乳酪培根蛋麵 •••

4人份

人們告訴我他們沒時間為家人做晚飯，我建議，就做這道乳酪培根蛋麵吧！這道菜是
義大利廚房的招牌美食，因為簡單和深深的滿足感深獲全世界的喜愛。當我需要某種
快速、美味又滿足的餐點，我總是想到它。這道菜要用到煙燻鹹培根、培根油、義大
利麵及乳酪，全部元素都被蛋黃緊緊連結。據說，這是滿身煤灰的礦工在收工後回來
吃的餐點，因此才叫做carbonara（礦工），可說是義大利人崇尚簡單又節儉的典範。
在義大利，醃燻豬肉多是pancetta（用豬腹肉做的風乾培根）或guanciale（用豬頰肉
做的醃燻鹹肉），這兩種肉都很適合做這道菜，但最後成品的味道也有些許不同，
pancetta做的蛋麵沒有煙燻味；guanciale做的蛋麵風味濃郁，但肉味少了些，脂肪多
了些；在美國使用培根則較普遍，但無論哪一種都很美味。我較喜歡豬腹肉做的蛋
麵，因為瘦肉與肥肉的比例完美。

乳酪培根蛋麵沉溺在神奇的蛋黃中，是主要的醬汁材料。傳統上這道菜裡只有蛋黃，沒有其他液體，但我喜歡加少量的半脂鮮奶油，讓這道菜遊走於傳統之外，惹得衛道人士怒髮衝冠。但半脂鮮奶油有助於蛋黃均勻散布到整碗義大利麵，讓麵多汁而不是黏膩。加上乳酪碎後湯水應該就少了些，加上脂肪和義大利麵也有熱度會讓蛋黃略煮一下。

根據經驗法則，每一份麵我會放2顆蛋黃和等重的半脂鮮奶油（這道菜我通常只做給唐娜和自己吃，就是一頓很棒的快速午餐）。請記得培根可在3天前就把油逼出來煎好，然後放涼，收好包好，放入冰箱冷藏。所以真正做這道菜的時間，可能只是煮水下麵的時間。我喜歡用細一點的長麵條，但任何形狀的義大利麵都可以拿來做這道菜。我通常會把一整盒麵先下好，留下1/4另做他用。這道料理還有個有趣的變型，那是我在和名廚艾瑞克・里佩爾（Eric Ripert）合作《回歸烹飪》（*A Return to Cooking*）這本書時的做法，我們用培根煎鍋做燉飯，最後只在燉飯中間打入一顆蛋黃就完成了。

材料

· 225克培根（pancetta或guanciale），切成條狀　　· 340克義大利細麵
· 8顆蛋黃　· 1/2杯到1杯／170到225毫升半脂鮮奶油
· 鹽適量（約1/2茶匙的量，但如果培根很鹹，也可再少或不放）
· 2到2＋1/4杯／170到225克帕馬森乾酪碎　· 現磨黑胡椒少許
· 1到2湯匙巴西里末（自由選用）

做法

1　準備大煎鍋，放入培根先逼油，把培根煎到外層香脆內層柔軟（請一開始先加水以高溫水煎培根，到了水快煮乾時轉成中小火，這樣做培根會更容易達到外脆內軟的程度）。

2　同時，燒開一大鍋鹽水，下麵條煮到你喜歡的熟度，然後瀝乾。

3　請把培根還在裡面吱吱叫的鍋子先拿開火源，加入義大利麵攪拌，讓麵裹上一層培根油，然後把蛋黃和半脂鮮奶油拌勻倒入麵中，持續攪拌。試試味道，如果覺得太淡再加鹽。拌到麵條均勻裹上醬汁，加入2/3的乳酪碎再拌。

4　上桌時，再將剩下的乳酪撒在麵上，也撒上大量的新鮮胡椒粉，如果喜歡再放上巴西里末。

蛋／分開利用／蛋黃／熟的

工具

荷蘭醬和貝亞恩醬

　　蛋黃只要加上一些水，就可以將普通的植物油變成滑順輕盈的醬汁，以同樣的製作方式，奶油也會發生同樣神奇的狀況。我說的奶油乳化醬在法國菜裡非常盛行，各種奶油醬幾乎都安上了法國名字，就如荷蘭醬（Hollandaise）的Holland，或如貝亞恩醬（Béarnaise）的Béarn，是法國西南部加斯科尼（Gascony）山區的地名，也是《三劍客》裡傳奇人物達太安的家鄉。

　　我從小看我媽做貝亞恩醬，她是直接從名廚和飲食節目主持人茱莉亞・柴爾德（Julia Child）的傳世寶典《掌握法式烹飪技術》（*Mastering the Art fo French Cooking*）那裡學來的。她把醬汁製作提升到一對一的運動較勁，我媽與醬汁的對抗賽。當她把龍蒿、蛋黃和奶油丟進戰場，我們

都走近觀看，看她揮舞著打蛋器攪打醬汁。當時我們只知道，奶油放得越多，醬汁就越好，但加太多，就會因為某種不知名的原因讓醬汁油水分離，只能嗟嘆料理之神的作弄。所以當醬汁打得愈趨完美，我媽又冒著危險放下一大塊奶油，你就可以聽到群眾間傳來的陣陣喘息聲。

　　我就是這樣愛上貝亞恩醬的。

　　還記得父母的派對開得太晚，我被桃樂絲・格雷森的笑聲吵醒走下樓梯，這是客人該離開的信號（好像曙光出現還不夠似的）。媽媽會理智地跑去補眠，但我爸會替我倆做個班乃迪克蛋，也就是華爾道夫飯店的名菜，水波蛋佐荷蘭醬，據說那是飯店主廚為了宿醉的班乃迪克先生做的醒酒料理。吃完早餐，我爸爸並沒有在暢飲作樂一整夜後跑去睡大覺，而是去修剪草坪，這件事讓我在小小年紀

就學到班尼迪克蛋的神奇復原力。

而這就是為什麼我喜歡荷蘭醬。

家庭廚師對奶油乳化醬的恐懼深植於心。不應該如此，奶油乳化醬只不過是加了更多蛋黃更濃郁的熱美乃滋。它的作法和美乃滋一模一樣，可用手持攪拌器、打蛋器或直立式攪拌機打。而且，真的用任何油脂都可以。若用經典法式做法，就用澄清奶油。我在上一本書就用猶太雞油（和洋蔥一起炒逼出來的雞油），做變化版的貝亞恩醬。如果有人對乳製品過敏，體諒這些可憐的靈魂，你也可以用溫熱植物油取代奶油做荷蘭醬。

區別乳化熱醬和乳化冷醬的唯一條件是熱度，熱度會把水趕出醬汁，但水是結合一切的關鍵因素，失去太多水會讓油滴全部聚在一起，醬汁因此油水分離。當然，雞蛋要受熱才會煮成醬汁中的凝乳，這也是為什麼眾多食譜都建議要用微滾的水隔水加熱煮醬汁，而不是把金屬盆直接放在火上受熱。

所以，在你一腳踏入奶油乳化醬的戰場前，你已知道什麼是醬汁成功的推力和阻力，大可輕鬆一下。先來一杯紅酒。在你準備上菜的前20分鐘或1小時前開始做醬汁。讓客人圍觀，不是像球迷盯著拳擊賽，而是像觀眾驚嘆你居然能如此輕鬆自在地做出以「難」出名的法式奶油醬。

以下是這些醬汁的三種組成成分：

再利用剩下的貝亞恩醬、荷蘭醬或任何奶油乳化醬

如果你有剩下的奶油乳化醬，請別怪它；我相信它很棒，請別扔掉！把它放在玻璃量杯中，用保鮮膜包好放入冰箱，最長可保存7天。要再使用時，把它放在微波爐中融化，再加水重打。每1/3杯／75毫升的剩餘醬汁要用1茶匙水重新乳化，它應該會立刻回到當初豐潤細緻的模樣。如果你需要加熱，請在微火上慢慢攪打，請小心不要把醬汁煮熟了。它可以放在炒蛋、烤麵包或牛排三明治上。

風味、蛋水混合物、油脂。這三種成分的交互運用決定醬料的性質。傳統方法是先做醋和風味的濃縮液，也就是把香草、紅蔥頭和胡椒粒加入醋裡用小火煨煮，然後把煮好的加味醋過濾到放了蛋黃的碗中。或者你也可以用醋煨煮紅蔥頭和新鮮黑胡椒粉，然後不過濾直接放入蛋黃裡。接著要煮蛋黃和調味汁液，把它們放在很小很小的火上用打蛋器打，打到蛋黃醋變得溫溫的，質地也變得蓬鬆（如果感覺不對，最好別再煮；如果蛋黃醋的溫度超過180℉／85℃就會變成炒蛋）。煮好之後，慢慢加入奶油，持續攪拌。我媽以前都把奶油冷冷一塊丟進去，這樣可以讓醬汁降溫，又能增加更多水分。但我喜歡把奶油融化了再放，讓溫溫的奶油加入溫溫的蛋黃醬裡。

我在這裡舉出兩種做法（但用手持攪拌器也可以做，可以打美乃滋，也可以打荷蘭醬）。首先是用攪拌機打荷蘭醬，據我所知，這篇來自前面所提茱莉亞·柴爾德的書。然後用真正濃縮液做經典的貝亞恩醬。

RECIPE NO.80

··· 荷蘭醬（用攪拌機製作）···

3/4杯／180毫升

這方法快速且幾乎萬無一失，尤其禮拜天早上要做班乃迪克蛋，正要求效率時（見p.83），這個做法可說是週日早上的及時雨。但如果你想用傳統方法準備荷蘭醬，請跟著p.220做貝亞恩醬的步驟來做，但在濃縮汁中省略乾龍蒿，且在醬汁中加入1到2茶匙的檸檬汁，完成時也不要加入新鮮龍蒿。

材料

· 2湯匙新鮮檸檬汁
· 1/4茶匙鹽（如果用無鹽奶油則用1/2茶匙）
· 3顆蛋黃
· 1/2杯／110克奶油，融化備用

做法

1 檸檬汁、鹽和蛋黃放入攪拌機中以中高速攪拌。所有熱奶油細細倒入運轉的攪拌機中，打到醬汁變濃稠。

⋮⋮⋮⋮ 用手分開蛋黃蛋白

1 到目前為止分開蛋黃蛋白最簡單快速的方法是用手。（請別逼我賣起分蛋器，最好的發明是手臂的最終點。）如果你有很多蛋要處理，用手的效果特別好，就像這裡有8顆蛋，請輕輕用手舀起一個蛋黃。

2 張開手指，讓蛋白從指縫滑出，留下蛋黃。如果白色繫帶還連著也沒關係。如果你想把它們掐掉，請小心蛋黃通常也會因此破掉，所以請把手放在碗上以防蛋破掉。

3 蛋黃在左右手間交互移動，直到蛋白全掉落，再把蛋黃放到另一個碗裡。分開8顆蛋的時間應該不到1分鐘。

··· 貝亞恩醬（傳統做法）···

1杯 / 240毫升

這是我在世上最喜歡的醬汁。烤白魚上總有它的位置，但我喜歡拿這個優雅的法式醬料搭配好吃的美式漢堡。我建議買牛肉塊自己做牛絞肉，請別怕麻煩，牛肉塊裡有大量油脂。洗乾淨後把它拍乾，撒大量鹽醃1小時後再絞（做法就如p.265的韃靼牛肉）。漢堡配料可用奶油萵苣和焦糖洋蔥，不然就這樣吃也很好。若用外面絞好的牛絞肉也可以，這裡的重點在於醬料與烤牛肉的完美搭配。（不用說，任何部位的烤牛肉都可和貝亞恩醬搭配。）

要做最細緻的貝亞恩醬，我在這裡放了最重要的方法和食材（但省略了澄清奶油，雖然傳統上有放，但不需要），但你也可以採用p.218做荷蘭醬的方法，用攪拌機來做。只要在融化奶油前加入1湯匙乾燥龍蒿（當沒有新鮮龍蒿時，我就會這樣做）。

濃縮液材料

· 10顆黑胡椒，用刀背拍碎
· 1/4杯／60毫升白酒醋或龍蒿醋
· 1.5湯匙乾燥龍蒿
· 1湯匙紅蔥頭末
· 1/4杯／60毫升水

貝亞恩醬的材料

· 2顆蛋黃
· 2茶匙水
· 1茶匙新鮮檸檬汁
· 1茶匙鹽
· 1杯／225克奶油，融化備用
· 1/3杯／10克新鮮龍蒿碎

做法

1　濃縮液的做法：準備小炒鍋，放入胡椒粒以中火炒香，加入醋、乾龍蒿葉和紅蔥頭末，用小火煨到湯汁都幾乎要煮乾了，加入水，煮到微滾，然後把鍋子離火。

2　貝亞恩醬的做法：準備一個平底鍋（最好是2.8公升的醬汁鍋最利於攪拌），加入蛋黃、水、檸檬汁和鹽，也將濃縮液用細網篩過濾到鍋中，過濾時要記得壓擠食材把湯汁擠出。用打蛋器攪拌，不時放到中火上加熱，不停攪拌，如覺得太熱就把鍋子從火上拿開避免煮熟蛋黃醬。要把醬汁打到膨鬆、拉起如緞帶滴落、溫熱卻不燙的狀態。把火關到小火。

3　先用湯匙舀幾滴融化奶油到蛋黃醬裡，大力攪拌啟動乳化程序，等醬汁穩固後，再加入剩下的奶油攪打。沉底的固體奶油和水可隨便你加或不加。（如果醬汁太厚，或水分煮掉太多，都會危害醬汁的穩定度，水分能穩定醬汁。）如果醬汁太稀，請再煮一下，但請小心，只要煮到打蛋器拿起來濃稠醬汁會厚厚地落下。（你也可以用攪拌機來做，只要把蛋液放入攪拌機，再加入熱濃縮液，持續攪打，之後再加入奶油攪拌。）

4　加入新鮮龍蒿拌勻，放在剛烤好的微熟漢堡上就可以吃了（也可放在烤牛肉或較瘦的魚上）。

蛋／分開利用／蛋黃／熟的

卡士達醬

RECIPE NO.82

••• 英式鮮奶油 •••

英式鮮奶油在甜點廚房中是常用醬料，算是一種多功能的香草醬，可以轉變成其他各種備料。它和下一頁的烤布蕾，在做法上幾乎沒有不同，只是烹煮方式有差異。事實上，我看過很多餐廳都把材料中的一半牛奶換成鮮奶油以增加英式鮮奶油的濃郁感。雖然你會面對傳統派人士的憤怒，但這樣做也沒什麼不好。香草醬可依據不同目的做不同操作：可以隔水加熱，就變成卡士達；把它冰起來，就變成冰淇淋；用麵粉或澱粉稠化，就變成糕點用鮮奶油；如果就這樣吃，當然就是搭配蛋糕、舒芙蕾或其他甜點的基本醬料。但它的本質只是加了牛奶和糖煮過的香草蛋黃醬。

材料

- 3杯／720毫升牛奶
- 鹽少許
- 1根香草莢，垂直切開
- 3/4杯／150克糖
- 9顆蛋黃

做法

1 牛奶、鹽和香草莢放在小醬汁鍋裡以中高溫煮到微滾。鍋子離火，就這樣讓香草莢浸泡15分鐘。再用削皮刀把香草莢刮到牛奶裡。（香草莢則可丟進你的糖罐或糖包裡，它會讓糖沾上淡淡香草味。）

2 糖和蛋黃放入中碗，用打蛋器用力攪打30秒左右，這樣做可讓糖融解，也讓蛋煮得更均勻。

3 準備大碗裝入一半冰塊一半水，上面再放上另一個碗。再把細網篩疊在碗上。

4 另一邊把牛奶放回爐上用中火煮到微微冒泡，然後一面攪拌蛋黃，一面慢慢把熱牛奶倒入蛋液中。再把調好溫的奶蛋液倒回原來鍋子煮，一面攪拌，一面以中溫加熱，拌到奶蛋液變得濃稠，像是可流動的濃漿狀，必須濃到可用湯匙劃出明顯線條。時間需花2到4分鐘。

5 奶蛋醬倒在網篩上過濾並隔水冰鎮。用橡皮刮刀把醬汁拌到完全冷卻。做好即可使用，不然就用保鮮膜包起來，並把保鮮膜往下壓到奶黃醬的表面上，這樣放入冰箱冷藏，最長可保存1星期。

••• 烤布蕾 •••

你找不到比它更簡單、更完美的甜點了。因為食材很少,所以更需要細心照顧,煮蛋的速度太快或溫度太高,布丁就會變硬;如果製作不當,攪得太用力,布丁也會出現蜂窩狀。所以打蛋奶液時請細心、決斷、細膩。烤布蕾之所以能成為甜點界及醬汁界的女王,都在加入熱奶醬時,能激發蛋黃的濃郁特性。

我在這裡提供一道傳統的烤布蕾,也就是香草、牛奶、鮮奶油和糖被蛋黃液團團包在一起。蛋黃把這些食材聚集在一起,就如合唱聲部般讓它們適時發揮,創造出頂部有香脆焦糖的甜味布丁。我總是拿著湯匙敲敲頂上的焦糖面,聽著破裂的細碎聲響,再稍微用力一刺把布丁弄破,那快樂就像是孩子一腳踩破結凍水坑。然後舀起下面的香草布丁,在口裡結合柔嫩的奢華與香脆欲融的甜味。

做出這樣的卡士達需要溫和火力,所以必須隔水加熱,利用水會自動調節溫度的特性,就算把烤箱溫度設在200℉到300℉/95℃到150℃之間,爐裡的溫度也不會超過200℉/95℃。只要不加蓋,烤盤中的水溫會保持在沸點之下。

請不要用香草精或其他花俏香味褻瀆這個可愛甜點。請欣賞它的真實樣貌:西式餐點中的一道完美料理。

材料

· 1杯/240毫升牛奶

· 1杯/240毫升高脂鮮奶油

· 鹽少許

· 1根香草莢,垂直切開

· 1/2杯/100克的糖,另外多準備1/4杯/50克

· 8顆蛋黃

做法

1　烤箱預熱至300℉/150℃。在大平底鍋或深烤盤中放入四杯120到150毫升的烤盅,並在烤盤中加入水,水量要到烤盅的3/4。拿出烤盅備用,盛了水的烤盤放入烤箱加熱。

RECIPE NO.84

··· 糕點用鮮奶油 ···

3.5杯／840毫升

美味的鮮奶油是填泡芙（p.151）的餡料，也是莓果塔或蛋糕層的支撐。只要將玉米粉加牛奶做成茨汁，加入萬用香草醬裡使醬汁稠化。然後遵照p.221做英式鮮奶油的說明，把調好溫的奶蛋液放回鍋中加熱，把3湯匙玉米粉用3湯匙牛奶調勻加入奶蛋液，把醬汁煮到濃稠，不用過濾只須把鍋子以冰水浴隔水冰鎮，趁還有餘溫時，拌入30到60克已在室溫軟化的奶油，持續攪拌直到奶醬冷卻。鮮奶油用保鮮膜包好，放入冰箱冷藏，包膜時請將保鮮膜壓住奶油表面，這樣奶油表面就不會硬掉。

2　在小醬汁鍋中放入牛奶、高脂鮮奶油、鹽和香草莢，以中高溫煮到微滾後鍋子離火，讓香草莢浸泡15分鐘，再用削皮刀把香草籽刮到牛奶裡（香草莢可丟到糖罐或糖包裡，讓糖沾上淡淡香草味）。

3　蛋黃放入中碗，加入1/2杯／100克的糖，用打蛋器用力攪打30秒左右，這樣做可讓糖融解，也讓蛋煮得更均勻。然後一面攪拌蛋黃，一面把奶醬倒入蛋液中。

4　做好的奶蛋液倒入烤盅，用烘焙紙覆蓋，再蓋一層鋁箔紙，放入烤盤隔水加熱。烤30分鐘，烤到奶蛋醬固定。拿掉烘焙紙和鋁箔紙讓它散熱放涼。（如果你打算隔天再吃，可放涼後再包起來，放入冰箱冷藏。等到要吃前幾個小時，再把它們拿出來回溫。）

5　把剩下的1/4杯／50克糖放在每個布丁上面，如有多的也倒入。用料理用的瓦斯噴槍加熱糖，讓糖融化、起泡，最後焦糖化，焦糖冷卻後就會變成細緻的硬殼。立即享用。

蛋｜分開利用｜蛋黃｜熟的｜卡士達醬　**223**

••• 香草冰淇淋 •••

3.5杯／840毫升

其實，香草冰淇淋和烤布蕾、英式鮮奶油或濃郁的糕點鮮奶油做法都差不多。只要把煮過的烤布蕾或英式鮮奶油結凍，或是鮮奶油不要勾芡直接拿去冰，結果都是香草冰淇淋。以香草鮮奶油為基底的甜點都非常類似，都在乳製品、糖、蛋黃的組合範圍內，只看怎麼做。這道冰淇淋的美麗顏色、濃郁質地、複雜風味都來自蛋黃。

材料

· 1.5杯／360毫升牛奶

· 1.5杯／360毫升高脂鮮奶油

· 鹽少許

· 1支香草莢，垂直切開

· 3/4杯／150克糖

· 9顆蛋黃

做法

1 在小醬汁鍋裡放入牛奶、高脂鮮奶油、鹽和香草莢，以中高溫煮到微滾後鍋子離火，讓香草莢浸泡15分鐘，再用削皮刀把香草籽刮到牛奶裡（香草莢則丟進糖罐或糖包裡，讓糖沾上淡淡香草味）。

2 蛋黃和糖放入中碗，用打蛋器用力攪打30秒左右，這樣做可讓糖融解，也讓蛋煮得更均勻。

3 準備大碗裝入一半冰塊一半水，上面再放上另一個碗。再把細網篩疊在碗上。

4 另一邊把牛奶放回爐上用中火煮到微微冒泡，然後一面攪拌蛋黃，一面慢慢把熱牛奶倒入蛋液中。然後把調好溫的奶蛋液倒回原來鍋子煮，一面攪拌一面以中溫加熱，拌到奶蛋液變得濃稠，像是可流動的濃漿狀，必須濃到可用湯匙劃出明顯線條。時間需花2到4分鐘。

5 奶蛋醬倒在網篩上過濾且隔水冰鎮，用橡皮刮刀把醬汁拌到完全冷卻。包好放入冰箱完全冰透，最好要冰一夜。或者放入冰淇淋機結得更冰，效果更好。

6 請按照冰淇淋機的指示操作。

••• 西洋梨沙巴雍 •••

4人份

沙巴雍（Sabayon）是以蛋黃為基底的甜點醬，多以甜味紅酒製成，像是加入法國甜白酒sauterne。若是在義大利，沙巴雍的名字改成zabaglione，酒也換成義大利甜酒marsala。這道食譜中我放了密西根製的洋梨酒pear eau de vie，你也可以改用Grand Marnier或其他中意的白蘭地或甜酒。

製作沙巴雍要用雙層鍋，打發蛋黃、糖、酒以隔水加熱煮到醬汁濃稠變成絲綢狀，可以用小杯子裝來吃，或澆在水果或蛋糕上。也可以把蛋白加糖打發，放在醬上做成法式甜點漂浮島（見p.252）。

材料

- 4顆蛋黃
- 1/4杯／50克糖
- 鹽少許
- 1/4杯／60毫升洋梨酒（或其他合適的甜酒）
- 2湯匙水
- 1茶匙新鮮檸檬汁（自由選用）
- 檸檬皮碎少許，最後裝飾用

做法

1　雙層鍋的上鍋放在微滾的水上隔水加熱，不然也可用金屬製的大碗。在鍋裡放入除了檸檬皮之外的所有食材，持續攪拌10分鐘左右，拌到醬汁微溫，體積變成兩倍，質地光滑，拉起如絲綢狀。此時就可離火，撒上檸檬皮碎，趁熱享用。

Part
Six

{ 蛋｜分開利用

蛋白

蛋白是驚人的料理控制器，是由十多種蛋白質、水和少量微量元素組合的混合物，目地是保護蛋黃安全，遠離病毒、細菌或掠食者的危害。正因為蛋白質能力非凡，能在廚房成就的功業也就更多元。

做海鮮捲或慕斯林[16]時，蛋白的作用是黏合劑（見p.229）；做薑橘奶酪時，蛋白肩負固定鮮奶油的任務（見p.238）；而做火雞清湯時（見p.234），蛋白的功用是過濾高湯；還將主體及營養借給雞尾酒，像是做「三葉草俱樂部」（clover club，見p.240）；此外也可以做裝飾，更是有力的膨脹工具。

在廚房，蛋黃堪稱天后，蛋白卻更像是奧運體操選手，論等級，論力量，驚人程度毫不遜色。

· ·

譯註16：慕斯林（Mousseline），魚或肉做的泥狀食物，是17世紀法國貴族因不想被人看到咀嚼動作而發展出「入口即化」的食物類型。

蛋／分開利用／蛋白／熟的

黏合劑

Recipe no.87

⋯ 扇貝蟹肉海鮮捲 ⋯

8人份，每份90克

這道菜的基礎就是慕斯林，是一種影響廣泛且有無數變化的基礎菜色。簡單來說，慕斯林就是拌入鮮奶油並用蛋白黏結的白肉泥或魚肉泥，食材比例是2份肉對1份鮮奶油，再拌入占食材10%的蛋。雖然加全蛋可以增加濃郁感，對於這種清淡細緻的料理，我還是比較喜歡只用蛋白，它可以把肉和油脂結成團，讓肉漿質地柔細卻實在到可切片。慕斯林可以做成梭鱸魚丸，或把雞肉泥和大蒜拌在一起做成義大利餃的內餡。最常使用的食材是魚，因為輕盈的油脂（也就是鮮奶油）和質地（來自蛋白）都在增強魚的滋味而不會蓋過魚的鮮味。

我在這裡提供一道鮮蝦慕斯林，因為蝦子被奶油和雞蛋黏結後，質地一定會更好。鮭魚做慕斯林也很棒。相較之下，扇貝受到儲藏方式影響，含水量較不一致，所以慕斯林在煮熟後，質地就有很大差異。但我喜愛扇貝的味道以及它們做為裝飾菜餚時無可挑剔的白色，所以我把它們和蟹肉放在這道海鮮捲裡，蟹肉在味道上可提供極好的映襯。如果想讓這道菜更豐富，可在鮮奶油裡泡入半茶匙番紅花絲，然後冰起來，番紅花的顏色可以讓海鮮捲裡的蟹肉和扇貝更生動。

我最喜歡的吃法是把海鮮捲切片，當成冷盤搭配檸檬紅蔥美乃滋（見p.212），或者你也可以在切片後放在奶油中稍微煎一下，等熱透後，用清淡的奶油檸檬醬搭配（奶油檸檬醬汁的做法是：紅蔥頭加檸檬汁和1湯匙水或白酒煮過，再拌入一坨奶油），也可以用蝦殼熬出來的鮮蝦醬汁搭配（就像p.231的照片）。海鮮捲切碎攪拌後也可以做成香腸餡料，灌入羊腸，用水波煮，下鍋油煎，就是一道滋味極好的海鮮香腸。

材料

· 1湯匙奶油

· 1支蒜苗，只要蒜白，切末備用

· 450克蝦子，去殼去腸泥後備用

· 2顆蛋白

· 1茶匙鹽

· 1杯／240毫升高脂鮮奶油

· 120克扇貝，如果扇貝很大可切成丁，如果個頭很小，則保留原狀

· 120克蟹肉塊

· 2湯匙新鮮蝦夷蔥末

做法

1　奶油放入小醬汁鍋以中火熱油。加入蒜末炒軟，但不能炒焦。炒好放入碗中，包好放入冰箱冷卻備用。

2　蝦子加入蛋白和鹽用食物調理機打成蝦泥。機器一面打，一面把鮮奶油從食物輸送孔倒入盆中攪拌，打到蝦漿變得結實而且可以塑形。　面打，一面把鮮奶油全加入。

3　蝦漿放入攪拌盆，放入冰好的蒜白、扇貝、蟹肉和蝦夷蔥，輕輕把食材拌到均勻混合。

4　然後在微濕的廚檯上鋪上一張保鮮膜（如果你覺得保鮮膜加熱有食安顧慮，請用Glad牌的保鮮膜），至少要鋪60公分長。拌好的海鮮漿料放在保鮮膜中央，然後包起來捲成直徑6公分的圓筒狀。讓它一面在廚檯上滾結實，一面把前後兩端扭緊。如果你捲失敗了，請放在新的保鮮膜上再做一次。

5　一大鍋水煮到180℉／82℃。海鮮捲放下去燙，用大小差不多的盤子壓在上面，讓海鮮捲沉在水中，就這樣燙45到50分鐘，水溫要保持在170℉和185℉／77℃和85℃，最後插入溫度計去測海鮮捲的中心，溫度達到140℉和150℉／60℃和65℃就是好了。

6　海鮮捲在燙的時候，一面準備冰水浴。找一個大碗放入半冰半水，等海鮮捲一燙好，就放入冰水浴中泡15分鐘讓它完全冷卻。除去保鮮膜就可吃了，擺盤方式請看圖示說明。

··· Seafood Roulade with Scallops and Crab ···

⣿⣿ 海鮮捲 *Seafood Roulade*

1 海鮮慕斯林的備料（從左上角順時針）：鮮奶油，蝦夷蔥，海鮮捲裡的食材則有：
蟹肉、扇貝、蒜末，以及鹽、蝦和蛋清。

2 首先蝦子加入蛋白攪拌成泥。

3 機器一面攪打，一面加入鮮奶油，拌成結實的蝦漿，也就是慕斯林。

4 打好的蝦漿放入碗中拌入蟹肉和扇貝。

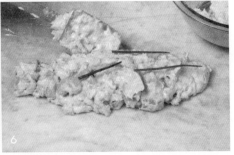

5 最後加入蒜末，拌到醬料均勻分散。　　6 海鮮漿鋪在保鮮膜上塑形。

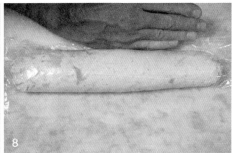

7　捲成圓筒狀。

8　用手或烤盤邊緣盡量推，推得越緊越好。

9　扭緊保鮮膜的兩端，海鮮捲要捲成很緊的圓柱狀，準備好就可下水燙了。

10　已經煮熟且脫去保鮮膜的海鮮捲。

11　盡可能將海鮮捲以單一方向從前往後切。

12　切好的海鮮捲可搭配檸檬紅蔥美乃滋（見p.212）當冷盤吃，若想吃熱的，就下鍋再煎一下。

蛋／分開利用／蛋白／熟的

去雜質的工具

••• 火雞清湯 •••

8人份，一份120克

蛋白最讓人驚訝的功能是過濾我們稱為consommé的法式清湯，它可以把有一團團浮沫的混濁湯頭濾成水晶般清澈的極品高湯。廚藝學院教我們做的是雞高湯，我想那是因為雞高湯用途豐富。學校教我們法式清湯應該清澈如水晶，且將清澈標準明定為：把一毛錢丟在一加侖高湯裡，必須可以看到湯底錢幣上的鑄造日期。我喜歡這定義，也把它寫出來，還真的有人寄來電子郵件，附著他們湯底錢幣的清楚照片。

就像前面提到的，我對於某些主廚說過的話總是念念不忘。我的高湯是向美國廚藝學院的老師麥可·帕德斯（Michael Pardus）學的，那是我人生首次的餐廚經驗。而最後一次的餐廚經驗是在學院附設的邦提餐廳（American Bounty restaurant），那時擔任講師的主廚是丹·圖金（Dan Turgeon），他設計高湯的測試菜單，其中一款測試樣品是火雞高湯，那味道真是說不出的濃郁美味，圖金說：「我再也做不出這樣的火雞高湯了。」永遠不可能，就這樣。我喜歡他斬釘截鐵的描述，而且這說法是包含著巨大邏輯。火雞的味道比雞濃厚多了，也更有趣，並且貨源豐富，到處買得到，價格又便宜。

這就是火雞高湯。而這裡說明用蛋白過濾的運作情形。蛋白裡的蛋白質分子由鏈結緊緊綁在一起，因為受熱解開形成某種細網，它能抓住所有細碎物質，因此可以將混濁湯頭變得清澈，晦暗一反成為明亮，顏色就如茶水般乾淨。這也是廚房工藝的絕佳例子，運用知識和技巧使普通備料工作做到完美。

這道湯的精采處在於可利用感恩節後的火雞骨架來做湯頭（火雞湯頭製作方法請詳ruhlman.com）。關鍵點在於蛋白抓雜質的同時也會抓去味道，所以必須在蛋白漿料中另外放入提味食材。這道湯只喝清湯就很有趣，但若放入一些配料，透過湯色即能清楚呈現菜色，更能讓人印象深刻。

材料

- 4顆蛋白，輕輕打散
- 1/2顆洋蔥，切碎備用
- 1根胡蘿蔔，去皮切碎
- 1支芹菜莖，切碎備用
- 340克火雞絞肉
- 1.5升火雞高湯
- 自由選用：李子番茄（切塊備用）、新鮮百里香、新鮮香菜末、黑胡椒碎、月桂葉

做法

1 所有食材放入鍋中，鍋子最好選高度比寬度大的鍋，太寬的廣口鍋會讓澄清作用分散，也會煮掉太多湯。一面攪湯、一面把蛋白攪散。

2 鍋子放在爐上以高溫烹煮，一面用打蛋器大力攪拌。然後換成木頭平杓把湯從底部往上翻攪，這是為了避免蛋白黏鍋燒焦。煮到湯變熱了，蛋白質慢慢凝結浮到湯面。持續攪拌但動作放輕，確保沒有東西黏鍋。等到湯頭煮到滾滾時，固體食材就會聚集在上面形成筏網。筏網一旦成形就不要攪拌，讓它聚在一起。火力關小，不可讓湯沸騰，只是加熱到微滾，讓水帶動筏網沉下翻上。

3 這時候你應該可以看到高湯非常清澈。讓湯持續保持微滾狀態至少45分鐘，最長可煮1小時。千萬別讓湯煮滾，不然筏網就會煮散。煮好之後，把高湯舀到鋪上一層咖啡濾紙的網篩上過濾。濾好的湯應該完美清澈，如果需要請加鹽調味。若要立即享受溫熱的湯，可在碗中分別放入配料（請見下方），或把清湯包好放入冰箱冷藏，等到要吃時再回溫。

. . . .

建議配菜

- 2湯匙胡蘿蔔切小丁
- 2湯匙芹菜切小丁
- 1茶匙植物油
- 4朵去莖香菇
- 1.5湯匙紅蔥頭末

做法

1 胡蘿蔔丁和芹菜丁放入沸水中燙20秒，撈出後以冷水沖涼。

2 用小鍋以高溫熱油，放入香菇煎1分鐘，兩面都煎香，然後放在餐巾紙上濾油。然後將煎好的香菇切成細絲。香菇、紅蔥頭、胡蘿蔔丁、芹菜丁拌在一起就是高湯配料。

火雞清湯 *Turkey Consommé*

1 蛋白拌入湯頭中，不斷以平勺攪拌以免黏鍋。

2 湯煮熱了，蛋白也會變熟升到表面。

3 高湯煮到微滾時，蛋白就如過濾器一般。

4 高湯煮了45到60分鐘後，用咖啡濾紙過濾。

5 在碗中放入配菜，碗和配菜就算不是熱到很燙，也該都是溫。

6　配菜排放好，就將滾燙的清湯倒入碗中。最好是湯上桌後再倒，一方面為家人或賓客帶來視覺上的享受，也確保湯是熱的！

蛋／分開利用／蛋白
黏合劑

••• 薑橘奶酪 •••　　　　　　　　　　　　　　　　　　4人份

panna cotta，義式奶酪，義大利文的意思是煮熟的鮮奶油。這道柔順華美的甜點從
1990年代廣為流行，那時糕點名廚克勞蒂亞・弗萊明（Claudia Fleming）的「酪乳
奶酪」十分有名且被大量模仿（是有好理由的模仿）。幾乎所有的義式奶酪都一
樣，鮮奶油必須以吉利丁固定。為追求更純淨的風味，鮮奶油可改用蛋白固定。
這是當你有多餘蛋白剩下來的最好利用方式，因為大部分的吉利丁都是用牛或豬
的成分製作，用蛋白做義式奶酪就是一道素點心。奶酪通常吃的時候要脫模，但
是蛋白很黏，也不像吉利丁遇熱會融化，脫模來吃有些麻煩，所以我建議直接放
在做奶酪的烤盅裡吃。（如果你真想脫模來吃，請用圓型烤盅或模具，且在烤前
先上油。）

材料

- 1杯／240毫升高鮮奶油
- 1/2杯／120毫升全脂牛奶
- 1/4杯／50克白糖
- 鹽少許
- 1段生薑，約5公分長，去皮切薄片

- 1顆丁香
- 1/2顆橘子皮，去白模
- 1/2條香草莢，垂直切開
- 4顆蛋白

做法

1　烤箱預熱至300℉／150℃。準備120-150毫升的烤盅4個，放在大煎鍋或烤盤裡，在
　　烤盤中加水，水量需達烤盅高度的3/4。然後拿出烤盅，將盛了水的烤盤放入烤箱預
　　熱。

2　奶油、牛奶、糖、鹽、薑片、丁香、橘皮和香草莢放入小醬汁鍋中以中溫煮滾。請
　　小心千萬別把鮮奶油煮焦了，一定要一面加熱一面雙眼緊盯著注意。如果奶醬煮到
　　沸騰，不但會搞得一團亂且做出來的奶酪會沒什麼味道。只要奶醬煮到快滾了，就
　　可將鍋子離火，蓋好，讓香料泡1小時。

3　準備一個中碗，放入蛋白打在一起，只要打到混合就可以。奶醬濾到蛋白中拌勻，
　　香草籽也用小勺子挖出來放入蛋奶醬中。（空的香草莢可放在糖罐或糖袋中，會讓
　　糖沾上淡淡香草味。）

4　蛋奶醬倒入烤盅，再用鉗子、刮刀（或兩者皆用）把烤盅搬到裝了水的烤盤中。用
　　鋁箔紙蓋住烤盤，蓋紙時請盡量不要動到烤盤或鐵架，以免把水晃入烤盅，在鋁箔
　　紙劃上幾刀讓蒸氣冒出。讓它在烤箱中烤35至40分鐘，烤到奶凍固定，但搖動時仍
　　會輕微搖晃。

5　烤好後，將奶凍從熱水浴中拿出來，放涼，包好放入冰箱。冰好就可以吃了。

增加濃度

RECIPE NO.90

••• 三葉草俱樂部雞尾酒 •••   4人份

毫無疑問，蛋白最細緻的用途是放在雞尾酒裡，讓醇酒的動人美味在嘴裡縈繞不去。
我們費心調製出很棒的雞尾酒，當然希望有餘韻，而把蛋白質加入雞尾酒就是讓稀
薄液體產生醇厚質感的方法。所以現在你可以把雞尾酒稱作蛋白質點心，這還不失
為喝酒的方便藉口。許多酒都會加蛋白，如琴費士、威士忌酸酒，以及下面我要介
紹的三葉草俱樂部，這道雞尾酒是我從《25道經典雞尾酒》（*Twenty-Five Classic
Cocktails*）這部精采的電子書中學到的。很多雞尾酒都因為小變化而改變名稱。就以
這款來說，如果加3/4盎司的蘋果白蘭地，就是粉紅佳人，雖是同樣精采的雞尾酒，
但不是我在公開場合會點的酒。但如果你好此道，我建議你用奇檬子汁取代檸檬汁，
並叫它「奇檬日出」（Key Sunrise）。

蛋白要從最初的黏稠狀打散，調酒師會用「乾搖」的技巧完成，所謂「乾搖」就是食
材和蛋白不放冰塊進行搖晃，搖到蛋白和食材混合了，再加入冰塊，繼續搖到均勻冷
卻。我覺得如果把這類飲料放入攪拌機更容易混合，然後加入冰塊再過濾。這道雞尾
酒需要有紅石榴汁的顏色和甜味，請別用市售量產的石榴糖漿，那只不過是有色糖
水，請用真正的紅石榴汁，絕對很值得。這道酒譜是4人份，但用攪拌機做很容易份
量加倍，你也可以放在大的玻璃量杯中用手持攪拌棒或打蛋器做出一批。

材料

· 180毫升琴酒
· 60毫升新鮮檸檬汁
· 60毫升糖漿（做法是同等份
  的糖和水，加熱到糖融化）
· 30毫升紅石榴汁
· 2顆蛋白

做法

1 4杯馬提尼杯或高腳玻璃杯放入冰箱冰凍。

2 所有食材放入攪拌機中打到起泡沫，你也
   可以把食材放入適當容器中以手持攪拌棒
   攪打。出現泡沫後在容器中放入冰塊，攪
   拌1到2分鐘，然後用細篩網過濾到冰好的
   玻璃杯中。

··· Clover Club Cocktail ···

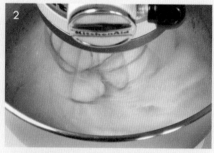

1　蛋白打到起泡。這時可以開始添加糖。　2　高速攪打蛋白，同時慢慢加入糖。

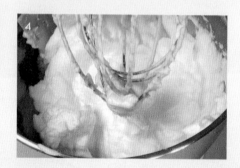

3　蛋白打到堅挺有光澤且呈尖峰狀。

4　這些蛋白已經過度打發。請注意蛋白的質地已打到成團結塊，請比較圖3柔滑光澤的蛋白就可看出差別。

驚人的蛋白霜

　　蛋能讓所有烹飪魔法成真，也許最了不起的成就在於蛋白脫離蛋黃後的打發狀態。蛋白90％是水，但其餘部分幾乎全是蛋白質分子，它們被胺基酸緊緊圈住。當蛋白質被打蛋器大力敲打，長鏈被打開形成網絡，進一步抓住空氣氣泡。而蛋白有能力抓住無數氣泡，讓體積變成比蛋白一開始的

狀態大上好多倍，創造出我們稱為蛋白霜的東西，也讓廚房的各種美味創作成為可能。

蛋白霜可發起蛋糕，讓巧克力醬如慕斯般充滿空氣感，讓鮮奶油變成更輕盈的希布斯特奶油霜[17]，讓舒芙蕾如泡芙般膨起！做蛋白霜要利用水的熱度，可直接在液體中加熱，或隔水加熱，或利用水蒸氣，它會變成如枕頭般輕飄飄的點心。普通的蛋白霜只要烤一下就會變成美味脆口的糖果，或說是蛋白質與糖結合的餅乾；也可以變成某種要填入其他食材的外殼；而拌入少許麵粉並烤過，就是天使蛋糕。

蛋白霜和熱糖、蜂蜜拌在一起就成了能把堅果水果全裹住的牛軋糖糊；加入吉利丁就是棉花糖；拌入杏仁粉，就是馬卡龍那可夾奶油餡的兩瓣餅乾；拌上糖粉，就是口感滑順顏色雪白的裝飾奶霜皇家糖霜；蛋白霜拌入糖和奶油，就是好吃的義大利奶油糖霜。

蛋白霜總是加入糖和某種甜味成分做成甜味點心，但要怎麼加糖則看你要做成哪種蛋白霜。如果你只在打蛋白時加入糖，就是法式蛋白霜，也是最常見的蛋白霜。如果你在蛋白隔水加熱時加入糖先融化再打發，就是瑞士蛋白霜。如果你把糖單獨加熱（通常溫度要到250℉／120℃或更高），然後趁熱加入打發蛋白中，就是義式蛋白霜。至於加入糖的份量每位主廚都不一樣，一般在廚藝學校教的傳統比例是根據重量，2份糖對1份蛋白。但這樣的蛋白霜非常甜，蛋白泡沫會吃掉所有糖。許多主廚把糖的份量盡可能減成一半，和蛋白份量一樣少，這也是我喜歡的比例。有些主廚會用糖粉取代糖，糖粉裡含有玉米粉，也會多吸收些水分。

蛋白霜的結構並不穩定，如果過度打發就會變得又乾又結塊。如果靜置太久沒有動它也會出水。攪拌盆裡只要有一滴蛋黃或一點油，或不知道哪兒沾到一抹清潔劑，蛋白也打不起來。加入像檸檬汁或塔塔粉[18]這類酸性物質會幫助固定蛋白，使蛋白霜更穩固。又因為酸可以平衡甜度，在打發蛋白中加點酸味總有好結果。做義式蛋白霜攪拌到最後要加熱糖，有些主廚建議此時也要加些沒煮過的糖，穩定效果才會好。

譯註17：希布斯特奶油霜是做聖諾黑蛋糕（Saint Honoré）的奶油餡，發明自19世紀，基本上就是義大利蛋白霜加卡士達醬，取名自發明這道甜點的烘焙店Chiboust。

譯註18：塔塔粉（cream of tartar）是釀葡萄酒後酒桶中剩下的結晶物質，做烘焙食品時可和鹼性的小蘇打調成發粉。

蛋／分開利用／蛋白／蛋白霜

酥脆的蛋白霜

••• 法式蛋白霜脆餅 •••

32塊脆餅，每個約5公分

這是最基本最簡單的蛋白霜，做出來的成品就像美味的馬卡龍餅乾，撒著杏仁粉的蛋白酥殼夾著奶油夾心餡，這股熱潮已席捲全國。這也難怪，如果做得好，蛋白霜脆餅的美味出神入化，但數十年來美國人只知道做成像椰子球狀的版本。然而蛋白霜可擠成各種花樣造型當甜點基台，像是做成貝殼用來托慕斯正好。我的孩子只要想吃碎餅乾就會想吃它們。

蛋白霜脆餅的基本比例是一份半的糖對一份蛋白（糖：蛋白＝1.5：1）。1顆雞蛋重量約為40克重，所以我們做時要秤出60克的糖（說真的，如果你習慣秤重做料理，請把電子秤按鍵調到公克來秤比較容易）。做蛋白霜的餘裕空間較大，你可把糖對蛋白的比例減少到1：1，或增加到2：1都可以。

我總是用桌上型的攪拌機來打蛋白霜，但用打蛋器手打，或用手持攪拌機上的打蛋附件來打也都可以。

材料

· 3顆蛋白

· 1/4茶匙塔塔粉或1茶匙檸檬汁

· 1茶匙純香草精

· 3/4杯／150克糖

做法

1 烤箱預熱至180℉／85℃，或者以烤箱的最低溫度預熱。準備2個烤盤，鋪上烘焙紙或矽膠烤墊放旁備用。

2 攪拌機裝上打蛋器，放入蛋白、塔塔粉或檸檬汁、香草精以高速攪拌30秒，然後一面慢慢加入糖，攪到蛋白霜穩定且有柔和的尖峰。

3 蛋白霜用擠花袋擠到準備好的烤盤，造型隨意，或用湯匙舀也可以。送入烤箱，門虛掩著烤4到8小時，把蛋白霜完全烤乾。如果你用的溫度夠低，蛋白霜是不會烤過頭的，因為只是讓它脱去水分烤乾而已。

◆ 脆餅
· 蛋白霜脆餅或點心
 的酥脆外殼（如
 Vacherin夾心蛋糕
 與Pavlova蛋糕）
· 馬卡龍

◆ 拌入糖
· 牛軋糖

◆ 拌入吉利丁
· 棉花糖

◆ 用水氣蒸
· 漂浮島

◆ 使質地輕盈
· 慕斯
· 希布斯特奶油霜
· 義大利雪藏蛋糕
 Semifreddo

◆ 當霜飾或配料
· 大部分的霜飾

◆ 上層配料（包括未
 烤與烤過的）
· 派或塔上的上層餡料
· 熱烤阿拉斯加

◆ 當膨發劑
· 舒芙蕾
· 蛋糕

◆ 加入麵粉烤熟
· 天使蛋糕

蛋／分開利用／蛋白／蛋白霜

有咬勁的蛋白霜

　　牛軋糖和棉花糖有多酷已不需多費筆墨。它們很像一般糖果但完成時又很不一樣，主要原因是含糖量與糖的溫度。就像做多數糖果甜點一樣，做牛軋糖也需製糖用溫度計測量才能做好。有人爭議這些糖應該歸在糖果點心類而不是歸在蛋料理，但不管哪一種都需要打發蛋白抓住煮好的糖，保持煮糖狀態。就像牛軋糖，用很厚很重的煮糖固定，所以吃來很硬但很有咬勁，而用蛋白霜和吉利丁固定的棉花糖當然就軟多了。

··· 牛軋糖 ···

24塊

牛軋糖是我在做《廚神麵包店》這本書時學到的，糕點主廚塞巴斯欽·盧塞爾做了一個烘焙店版本，而我在這裡替家庭廚房放了一道簡化版，用玉米糖漿代替葡萄糖，也沒有加可可脂，因為加可可脂的作用只在使切口乾淨。總而言之，牛軋糖最根本的要求是煮糖溫度，糖要煮到滾燙再加入蛋白裡，一下子把蛋白燙熟，變成冒出泡沫的白色軟糖，拌入堅果與水果，就是牛軋糖了。我喜歡加開心果、杏仁、腰果和櫻桃乾，但任何烤過的堅果或果乾都可以使用。

材料

· 3杯／600克糖，再準備1湯匙糖　· 1/3杯／100克光玉米糖漿

· 1/2杯／120毫升水　· 1杯／300克蜂蜜，請用品質好的產地蜂蜜

· 3顆蛋白　· 鹽少許

· 3到4杯烤過的無鹽堅果與綜合乾果（可用杏仁、腰果、開心果、榛子、核桃，櫻桃乾、蔓越莓乾，或者其他選擇）

做法

1　準備一個鍋邊較高的醬汁鍋，放入3杯／600克糖，玉米糖漿和水，煮10分鐘，煮到冒出小泡，此時溫度約有298℉／148℃。煮好後離火。

2　再用小鍋把蜂蜜煮到微滾，溫度達到257℉／125℃後就可離火。

3　攪拌機裝上打蛋器，將蛋白和鹽放入乾淨的攪拌盆以高速攪打，打到看到泡沫形成，就加入剩下的 1 湯匙糖。持續打3到5分鐘，打到蛋白綿密有光澤，提起時有尖峰狀。

4　然後將攪拌速度放慢到中高速，慢慢倒入熱蜂蜜。讓蛋白再攪幾分鐘後，一面慢慢倒入糖漿，一面持續攪拌15到20分鐘，拌到你用手摸攪拌盆溫度是冷的。

5　這時後就可以把攪拌機裡的打蛋器換成槳型攪拌棒，拌入堅果和果乾。

6　在烤盤上鋪上烘焙紙，塗上大量奶油。上面附蓋另一張烘焙紙，上下用力揉，讓兩張紙都沾上奶油，然後將上面一張紙拿開放旁備用。橡皮刮刀也塗上奶油，或噴上不沾烤油，然後將拌好的牛軋糖挖到烘焙紙上。蓋上另一張烘焙紙。用擀麵棍向外推擀，推成厚度約2.5公分。讓它放幾個小時甚至隔夜，放到完全冷卻就可以切成條狀，每條大約2.5×1×15公分。如此保持在密閉容器中，大約可放一星期。

RECIPE NO.92

牛軋糖 *Nougat*

1　蛋白加入糖和蜂蜜，攪得又濃又重幾乎填滿攪拌碗。

2　拌入堅果和果乾。

3　牛軋糖鋪在抹了奶油的烘焙紙上。

4　蓋上另一張抹了奶油的烘焙紙，用擀麵棍向外推平，把牛軋糖推到厚度一致。

5　把不整齊的邊切掉，牛軋糖就會整齊。

6　切成條狀。

牛軋糖

••• 棉花糖 •••

100塊2.5公分的方型棉花糖

對我來說，棉花糖是展現加工食品和真正食物差距有多遠的例子。在我小時候，袋子裡裝的棉花糖總是多到快滿出來。我插著它放在火上烤，拿來做全麥餅乾和巧克力的夾心，或把它融化，拿來拌Krispies廠牌出的爆米香。也曾在克里夫蘭的某個冬日下午，剷雪之後天漸漸黑了，我握著一杯熱騰騰的巧克力，就用棉花糖這麼沾著吃。但只有到了我長大，開始邊探索邊撰寫餐飲業的廚藝世界，此時我才理解，棉花糖是可以實際做出來的。某段時間餐飲界力求更有趣也更有特色的零食甜點，開始在餐廳裡自製棉花糖當成甜點食材。從那時起，我才知道棉花糖用吉利丁就可以做出來。就像這裡提供的食譜，就是用吉利丁和蛋白一起做出來的。棉花糖可以添加柑橘口味，只要放入加了熱糖的柑橘果醬，或者就像這裡的食譜，加入蜂蜜，做成牛軋糖的變型款。因為蜂蜜的味道會主宰棉花糖的味道，請盡可能找到最好的蜂蜜來做。

材料

- 1/2杯／64克玉米粉
- 1/2杯／50克糖粉
- 2湯匙無味吉利丁粉
- 3/4杯／180毫升水
- 1杯／200克又1湯匙細砂糖
- 1/2杯／170克蜂蜜，請用品質好的當地蜂蜜
- 2湯匙微甜玉米糖漿
- 3顆蛋白，放在室溫備用
- 1/4茶匙鹽
- 1湯匙純香草精

做法

1. 玉米粉和糖粉拌勻。在有邊的烤盤上鋪上烘焙紙，並撒上大量玉米糖粉。

2. 準備可微波使用的烤盅，裝上1/4杯／60毫升的水，把吉利丁份放在裡面泡，也就是所謂的「發」。

3. 在中型醬汁鍋中放入1杯／200克砂糖、蜂蜜、玉米糖漿，還有剩下的半杯／120毫升的水，以中高溫煮到冒出細小糖泡。糖漿溫度要達到265℉／130℃和285℉／140℃之間，只要溫度到了就將鍋子離火，讓糖漿降溫到210℉／100℃。

4　糖漿散熱的時候，將泡開的吉利丁放入微波爐熱20到30秒，讓吉利丁融化。

5　攪拌器裝上打蛋器，蛋白和鹽放入乾淨的攪拌盆，以高速打發蛋白。只要開始形成泡沫，就把剩下的1湯匙糖放入蛋白中再打3到5分鐘，把蛋白打到厚實綿密有光澤，提起時可看出尖峰。

6　如果糖漿還未冷卻，就把攪拌機速度開到最低速維持蛋白打發狀態。等糖漿冷卻了，就開回中速，把糖漿從靠近攪拌盆的打蛋器間隙倒進去。

7　全部糖漿倒入蛋白霜，接著就加液態的吉利丁，以中高速打3到5分鐘後再加香草精。棉花糖的基底會又白又膨鬆。

8　用刮刀把棉花糖倒在撒了玉米糖粉的烤盤上，要鋪得均勻連角落都鋪滿，棉花糖應可裝滿一半烤盤。不然你也可以把棉花糖漿裝到擠花袋裡，在烤盤中擠出有造型的棉花糖。

9　在棉花糖上撒上玉米糖粉，再鋪上一層烘焙紙，用擀麵棍把棉花糖擀平，烤盤邊緣也要平整，這動作也可用任何有長直邊緣的東西代替，如木杓子的長柄。棉花糖應可鋪滿一半烤盤。請讓棉花糖放在涼爽乾燥的地方3到5小時。

10　棉花糖放涼凝固後就可切成小塊，或用剪刀或刀子修成你想要的造型，刀子和剪刀記得保持乾淨。切出形狀後再裹上剩下的玉米糖粉。棉花糖最好當天做當天吃，但放在密閉容器中也可保存幾天。

柔滑的蛋白霜

RECIPE NO.94

••• 漂浮島 •••

4人份

我第一次吃到法式甜點漂浮島，île flottante，是在加州納帕谷的French Laundry餐廳，立刻就愛上它的質感。傳統的漂浮島就是用湯匙舀一匙蛋白霜丟在溫熱冒泡的甜牛奶中，因為充滿空氣，所以蛋白霜浮在上面，讓它煮幾分鐘，翻個面就可以上桌了。French Laundry用小錫杯隔水加熱做出小巧的島，不但做法簡單，甜點外觀更俐落乾淨。脫模之後填上巧克力慕斯，擺盤時搭配英式鮮奶油，點上幾滴薄荷油，再放上巧克力裝飾。我也用小烤盅做漂浮島，且發現蛋白霜用蒸的是絕佳方法，更簡單也更快速。

上桌時可搭配蛋黃做的西洋梨沙巴雍和巧克力刨片，或配上水果切片和莓果也很好。

材料

· 4顆蛋白　· 1/4茶匙塔塔粉或1/2茶匙新鮮檸檬汁　· 1茶匙純香草精

· 2/3杯／130克糖　· 1份西洋梨沙巴雍（見p.225）

做法

1 準備85到115毫升的烤盅4個，以及一個夠大可容納4個烤盅的鍋子。烤盅塗上奶油後就放在鍋中的鐵架或蒸籠裡，倒入足量的水，水量需碰倒蒸架，然後以大火將水煮到微滾。

2 蛋白、塔塔粉或檸檬汁、香草精放入攪拌碗中，攪拌機裝上打蛋器，以高速攪打蛋白，然後慢慢放入糖。一直拌到蛋白出現綿密柔軟有光澤的尖峰狀。

3 蛋白霜倒入每個烤盅，倒到與杯緣齊平就可以，然後放在大鍋蒸架上，蓋上鍋蓋開始蒸，要蒸3到4分鐘，蒸到蛋白膨脹而結實。蒸好後可脫模趁熱食用，也可以放到室溫食用，或放在冰箱冷藏3小時吃冰的。

4 享用時請搭配西洋梨沙巴雍，用湯匙舀1/4杯／60毫升的沙巴雍醬放在盤子中央，上面再放上漂浮島就完成了。

••• Île Flottante •••

蛋／分開利用／蛋白／蛋白霜

蛋糕

••• 天使蛋糕搭配糖漬莓果 •••　　　　　1個12人份的蛋糕

天使蛋糕是我最喜歡的蛋糕，也可能是最容易做成功的蛋糕，只要在打發蛋白中
加入少量麵粉再拌合就好了。和漂浮島或棉花糖相比，麵粉讓蛋糕有更多支撐，
麵筋也帶來更多咬勁。就像許多蛋糕，天使蛋糕也適合冰凍起來。只要你想，可
把蛋糕事先做好，冰3到4個禮拜再吃都沒問題；請包上兩層保鮮膜再放入冰庫冷
凍。等到你想吃了，最少在1小時前先拿出來放到室溫解凍。

我從小就非常喜歡天使蛋糕，我媽總是會為我做一個與眾不同的，她會用打發鮮
奶油做霜飾，再放上切碎的蜂蜜燕麥營養棒。你可依個人喜好在這個蛋糕上放裝
飾，而搭配糖漬莓果特別好吃。初夏時分莓果又熟又多，正好做這個又簡單又美
味的甜點。

蛋糕材料

· 12個蛋白
· 鹽少許
· 1湯匙新鮮檸檬汁
· 2杯／400克糖
· 1茶匙純香草精
· 1/2茶匙純杏仁精
· 1杯／140克麵粉

糖漬莓果的材料

· 1杯／140克覆盆子
· 1.5杯／210克草莓切片
· 1杯／140克藍莓
· 1/2杯／70克黑莓，對半切
· 1湯匙新鮮檸檬汁
· 1/3杯／65克糖
· 鹽少許
· 2湯匙Grand Marnier酒

做法

1   準烤箱預熱至350℉／180℃。

2   蛋白放入攪拌機，加入鹽後，開始以高速攪打。打到蛋白出現泡沫就開始撒糖，之後加香草精與杏仁精，總共要打5到7分鐘，打到出現低垂的尖峰狀。

3   麵粉先用打蛋器打碎結塊。當蛋白打到濕性發泡時，拿下攪拌機，加入麵粉，每次加1/3。

4   麵糊倒入天使蛋糕烤模或中空的活動脫底烤模（管狀的烤模可讓蛋糕熱脹到最高，但是你也可以用中間沒有洞的烤模，只要你有辦法一出爐就把蛋糕倒扣放涼，如此就能防止冷卻回縮）。

5   讓蛋糕烤35到40分鐘，烤到上層金黃，一碰就會回彈。此時就可把蛋糕拿出烤箱，蛋糕還沒脫膜前先倒過來放在鋪了烘焙紙的烤盤上，讓它倒扣放涼1小時。

6   蛋糕一邊放涼，一邊做糖漬莓果。把做糖漬莓果的食材全部放入小醬汁鍋以中火加熱，煮15分鐘，只要把水果煮軟就可以直接用，不然也可以放入冰箱冰過再食用。

7   蛋糕放涼後，用小刀沿著烤模邊緣刮一圈脫模。如果你用的烤模不是底部可活動拿下的，可能需要敲一下蛋糕才會掉下來。切片後搭配溫熱或冰涼的糖漬莓果，即可食用。

Part
Seven

蛋

分開但一起利用

有些菜在製作時會利用蛋黃、蛋白各自富含的獨特天性,這是廚房中最有趣也是最戲劇化的事了。用蛋白發起的蛋糕與其他蛋糕都不同,所以想看到蛋黃風味的舒芙蕾醬底從烤盅中膨發躍起,只要拌入蛋白再送去烤就可以。

也有些時候,你想把蛋黃蛋白分開製作再合在一起用,可能作為配菜裝飾,也可以當成中心食材。蛋黃讓奇檬子派的內餡固定,蛋白變成蛋白霜作為甜派裝飾。但也有些時候蛋黃蛋白的各自特性是非常模糊的,就如同樣的舒芙蕾,不要送去烤,改成冰過再吃,舒芙蕾和慕斯就是一樣的東西。

但就算分開使用,蛋黃蛋白的配合也是一種動態組合。

當作裝飾

RECIPE NO.96

••• 油醋蒜苗 •••

4人份

傳統上，油醋蒜苗要把蒜苗燙過後切成長段。但我改變長度，切成更好入口的小段，因為即使蒜苗完全燙熟，纖維還是很粗。這道菜裡的蛋雖是配料，但負責提供美味，把蒜苗切小，更能與蛋搭配且更好入口。這道美味沙拉屬於套餐中的第一道菜，不管是油醋醬或全部材料都可在前一天做好，最後一刻再組合。它也是很好的教材，你可以學到為何蛋黃煮熟了，還能香滑柔順，入口即化，也可學到菜裡即使放了酸性食材，也能有濃郁效果。

材料

· 8支蒜苗，肥美的較好

· 2湯匙／30克奶油　　· 鹽

· 1/3杯／75毫升紅酒醋，品質要好

· 1湯匙第戎芥末醬

· 1顆生蛋黃（自由選用）

· 卡宴辣椒粉少許

· 1杯／240毫升植物油

· 6顆完熟水煮蛋，去殼後蛋黃和蛋白分開，請切成蛋碎，不然就用濾網或篩子壓過

· 鹽和現磨黑胡椒

做法

1　蒜苗根部切掉，垂直剖開用水沖乾淨。上方深綠色的蒜葉切去不用，但可留下來下次熬湯。然後把蒜苗橫切成1.2公分長的小段。（如果蒜苗沖過還是很髒，請泡冷水，去除髒土再撈起）。

2　奶油放入大鍋以中火熱油融化，然後放入蒜苗和一大撮鹽，炒10到15分鐘，把它們炒軟但不能炒焦。炒軟後就移到鋪上餐巾紙的盤子上放涼。炒過後纖維可能還很粗硬，有焦黃的地方或質地太粗的地方都請拿掉。

3　接著做油醋醬。先將紅酒醋、第戎芥末醬、半茶匙鹽、生蛋黃（如果使用）和卡宴辣椒粉拌勻，再滴上油，持續攪拌就像做美乃滋。蛋黃會讓醬料變得濃稠滑順，用來搭配蒜苗正好，但如果你喜歡不放蛋黃的清淡油醋醬也一樣很好。或者你也可以用力量較大的攪拌機來做，不管是加了蛋黃或沒加蛋黃的都可以。只要把做醬料的所有食材放入攪拌機中，一面以高速攪拌一面慢慢滴入油，直到打成濃厚醬料。再把打好的乳化醬移入碗中，最後再拿打蛋器把油攪勻。

4　蒜苗放到室溫後就移入碗中，放入適合你份量的醬料。剩下的醬料可包好放入冰箱，最長可保存3天。而炒好的蒜苗不管有無拌上油醋醬，都可放在保鮮盒中放入冰箱，最長可保存1天。

5　最後完成擺盤。蒜苗平均分入4個盤子，鋪成圓盤狀。如果你有大型的環狀烤模，可利用它來擺盤。用鹽調味後，把蛋白碎舀在蒜苗上擺成一個圈。或者放在圓形烤盅裡，反扣在蒜苗上。上面一小圈再放上1湯匙蛋黃碎。最後撒上黑胡椒就可以吃了。

油醋蒜苗

蛋／分開但一起利用／熟蛋白＋熟蛋黃

當作食材

RECIPE NO.97

··· 咖哩魔鬼蛋 ···

48份小點心

這是方便、迅速又實惠的大眾寵兒，唯一的缺點就是太好吃了，所以吃下去的比你該吃的還要多。半顆蛋共四個，蛋黃挖出的半球裡放著濃郁蛋黃和香辣美乃滋，這已是一餐份量。所以我把份量減成1/4，變成開胃小點心的流行樣貌，放在小麵包塊上方便入口。當然你也可做咖哩蛋沙拉（見p.39），或任何蛋沙拉，然後抹在小麵包塊上，當成很棒的小點心，但這裡的咖哩魔鬼蛋看來更漂亮。

如果你有壓力鍋，請拿出來使用，剝蛋殼時保證比較容易（請見p.29-31）。每顆蛋都直切成1/4；若想切得光滑平整，請用切乳酪的鋼線切割刀最理想。如果你沒有這種刀，也可以拿一條牙線直接從水煮蛋中間劃過去。小麵包台可以在前一天先做好，然後放在塑膠袋或密閉容器中，在室溫保存就可以。如果時間允許，魔鬼蛋越接近吃的時間做越好，但如果真的沒辦法，事前數小時做好也可以，做好後蓋上蓋子放入冰箱冷藏。但最佳賞味期是在剛拌好的時候。

材料

· 48塊小麵包塊，麵包切片或長棍麵包切片　　· 鹽和現磨黑胡椒

· 1打蛋，煮成水煮蛋，泡在冷水浴中完全冷卻，然後剝殼

· 1份咖哩蛋沙拉（見p.39）　　· 卡宴辣椒粉或或蝦夷蔥末，裝飾用

做法

1　烤箱預熱至300℉／150℃。小麵包塊放在烤盤或鐵架上烤10分鐘，烤到酥脆。然後撒上少許鹽和黑胡椒。

2　白煮蛋直切為等量的4片，蛋黃放在大碗裡加入咖哩美乃滋搗碎（如果想讓魔鬼蛋有完美的滑順感，蛋黃可先過篩），拌到蛋黃醬均勻混合，試味後以鹽和黑胡椒調味。

3　在每個小麵包塊上放上切成1/4的蛋白。咖哩蛋黃醬裝入擠花袋，裝上星形擠花嘴。或者裝入堅固的塑膠袋，在邊角上切出1.2公分的孔也可代替擠花袋。每片蛋白上都擠上蛋黃醬。撒上卡宴辣椒粉和蝦夷蔥末，即可食用。

••• 芒果萊姆雪藏蛋糕 •••

12人份

我很喜歡蛋白霜結凍之後的效果，它基本上就是冰淇淋，卻擁有冰淇淋原本不會有的輕盈質地。我平日看到的雪藏蛋糕不是巧克力、摩卡，就是咖啡口味的，我的助手建議我做個柑橘口味的，這讓我想到小時候吃的橘紅色柳橙夾心雪糕，所以我們改走這派路線。儘管如此它仍然是雪藏蛋糕。蛋黃加上糖為基底，加上主導風味的材料，打發鮮奶油和蛋白霜。這裡提供的份量可裝滿一個大號的脫底烤膜，很多人吃都沒問題，雪藏蛋糕可事先做好，更是一道適合熱天吃的點心。

材料

· 2顆熟芒果　　· 1/3杯／75毫升新鮮萊姆汁（約3顆大萊姆的量）　　· 6顆蛋黃

· 1＋1/4杯／250克糖　　· 1湯匙水　　· 3顆蛋白　　· 鹽少許

· 2茶匙萊姆皮碎（約3顆大萊姆皮）　　· 2杯／480毫升高脂鮮奶油

做法

1　芒果去皮切塊放入攪拌機。加入萊姆汁，把芒果打成泥狀。然後冷藏備用。

2　準備隔水加熱的雙層鍋爐，不然就用金屬碗或醬汁鍋墊在另一鍋微滾的熱水上，放入蛋黃和3/4杯／150克糖，用打蛋器攪打數分鐘，中間加入水再打，打到體積膨脹到4倍，變成光滑如絲綢的蛋黃醬，攪打時間總共要花10分鐘。

3　蛋白和一撮鹽放入中碗，以高速打到形成泡沫，然後加入剩下半杯／100克糖，持續攪拌打到尾端濕潤挺直的狀態。

4　芒果萊姆泥從冰箱拿出來，拌入蛋黃醬，接著拌入萊姆皮碎。然後把醬料換到另一個較大的碗，再把蛋白霜分三次倒入果泥蛋黃醬中拌合，每次倒入1/3，拌到均勻混合。

5　另外再準備一個大碗，將鮮奶油打到軟性發泡；之後一樣分三次倒入蛋糕醬底，一次拌入1/3。

6　準備12吋／30.5公分的活動脫底烤盤，裡面鋪上保鮮膜。蛋糕醬倒入模具中，上面再蓋一層保鮮膜，放入冰箱冰一整晚。（如果你喜歡，也可以裝入一個個小杯冰起來。）

7　脫模後切片享用（如果是盛杯，可從冰箱取出直接吃）。

生食蛋黃注意事項 ●●●●●●●●●●●●●●●●●●●●●●●●●●

生蛋黃從裡到外都是寶物，可作為菜色裝飾，因為有濃郁奢華的完美濃稠度，也可當現成醬汁，放在任何食物上都是加分。就如可在漢堡肉裡挖一個小洞放蛋黃；或打一顆在檸檬沙拉上；或者直接丟入湯裡；或者弄成像牛眼般攤在馬鈴薯煎餅上。對我而言，蛋黃唯一無法使食物加分的狀況在於它本來就是食物的一部分了。例如，把蛋黃放在卡士達、冰淇淋或美乃滋上就有些荒謬。但是只要記住一點，食物只要有加入蛋黃，就會更好吃，視覺上更有吸引力，也更有營養，讓你成為更會做菜的人。

如果你準備吃不打散的全蛋黃，就需要把上下兩端的白色繫帶拿掉（或者藏起來）；這兩條蛋白質線圈的功能是把蛋黃懸在蛋白裡。為了菜色好看，請把它們捏掉，但請注意捏的同時也許會把蛋黃弄破。

有些人擔心吃生蛋黃不安全，因為蛋黃攜帶沙門氏桿菌，可能有衛生疑慮，導致腸胃不適。如果你年紀大了或有疾病，沙門氏桿菌的確會讓你進醫院。但在我吃生蛋黃的人生中，從來沒有被沙門氏桿菌感染而不舒服過。在1970年代中期，我媽還把生蛋黃丟進我的麥芽沖泡飲品裡。

對於食物的細菌議題，你應該有以下認知：如果食物有細菌，它會在室溫環境中驚人成長。如果加熱，就說加到100℉／38℃吧，它的成長速度更快！如果你在鍋裡放了3顆蛋黃準備做荷蘭醬，裡面若有少量細菌，且製作過程中處於溫熱環境數小時，你鐵定就做出了小型細菌炸彈，吃到的親友都會生病。所以煮蛋的溫度一定要低，或也可以把蛋煮到熱燙，如此就沒有食用疑慮；不然讓它們處於室溫，但時間不可超過1小時。做到這點，就不用擔心吃蛋時，蛋是生的或熟的。

我最喜歡的菜色中絕對有韃靼生牛肉，中間還放了一顆月見作裝飾。因為我們濫用土地與動物，這道菜的危險就更加倍。但如果我處理時小心得宜，對於像沙門氏菌和大腸桿菌等細菌，我根本嗤之以鼻。

我都跟在地農場買蛋，或從養雞的朋友那兒求來的（是的，即使在克里夫蘭高地也有這樣的地方，感謝！阿美利亞！），不然就在食物賣場裡買有機蛋。另外，我會把肉洗乾淨，用鹽醃過後，自己絞肉。你無法百分之百確定蛋絕對沒有細菌，但只要使用本地的新鮮雞蛋（甚至本地農場的養殖蛋都可以），且不在危險的溫度區間內超過1小時，就不會有問題，因為你杜絕細菌大量繁殖，不讓它們長到危害人體的程度。

是食材也是裝飾

RECIPE NO.99

··· 月見韃靼牛肉 ···

4人份

當我發現我有熟蛋黃加生蛋白的食譜，卻沒有熟蛋白與生蛋黃的食譜時，我上推特尋求協助。在休士頓麻雀酒吧工作的希爾米·哈邁德（@hilmiahmad77）建議在韃靼牛肉中加入蛋白，我認為這真是一個好主意。

這道菜以開胃小菜或派對小點心的方式呈現，好吃又好做。小點心放在大盤裡，旁邊擺著酸豆、鯷魚、紅洋蔥，所以客人可選擇自己喜歡的配菜。食譜列出的材料份量最多可做8份開胃小菜。

但我把每份調整成套餐的第一道菜或午餐主菜的份量，遵循1970年代《紐約時報》美食家克雷格·克萊彭（Craig Claiborne）的風格，拌上調味加上配料和成肉餅，搭配烤過的長棍麵包和芝麻葉沙拉（這道沙拉只是在上桌前，抓了4把芝麻菜，拌上橄欖油，擠幾滴檸檬汁，磨幾下黑胡椒粒，撒一點鹽巴，就做好了）。

有人擔心生肉有細菌寄生蟲，但這些東西只在肉的表面並不在牛肉內層。所以，如果我想在室溫下端上一大份生牛肉，我會用大量水沖刷牛肉表面，把表層細菌沖乾淨，然後拍乾，裹上鹽巴包起來，放到冰箱醃1到3天。鹽就像醃漬牛肉一樣「應該」會把剩下的細菌清乾淨，我再重複一次，應該會如此但不保證（千萬別大量食用在市場買的任一種生肉，真的會生病的）。鹽醃好後，我會切開磨成碎絞肉，我比較喜歡粗粒的，但攪得細碎的肉也好吃。

材料

· 450克的牛後腿肉　　· 猶太鹽

· 1/4杯／25克紅洋蔥末　　· 1湯匙新鮮檸檬汁（若不夠再加）

· 1湯匙紅酒醋　　· 4顆蛋，蛋白蛋黃分開

· 2湯匙酸豆，切末備用

· 2到4湯匙特級初榨橄欖油（若不夠再放）

· 1茶匙魚露或1條鯷魚，搗碎備用

· 1湯匙新鮮巴西里末　　· 1湯匙新鮮蔥末　　· 現磨黑胡椒

· 16片長棍麵包，長棍麵包片成小塊，烤過備用

做法

1　紅肉放自來水下徹底沖洗，然後輕輕拍乾。表面各處撒上猶太鹽，鹽量平均，醃漬效果也就平均。用手將鹽揉壓入牛肉表面，要讓鹽完全包覆牛肉才對。用保鮮膜包起來，放在冰箱至少2小時，最長可達72小時。

2　紅洋蔥放入小碗，撒上半茶匙鹽，加入檸檬汁和紅酒醋，放旁浸漬至少10分鐘。

3　從冰箱拿出肉，洗掉鹽，拍乾肉。切成2.5公分丁狀，然後放入攪肉器，用最大的口徑來磨（或者放入食物調理機中攪碎，也可用手工剁碎）。製作絞肉的工作可在一天前做好。做好後將絞肉放入保鮮盒，放入冰箱冷藏。

4　用大火煮一鍋開水，蛋白用漏勺或網篩濾去稀蛋白，倒入沸水中，立刻關小火，燙幾分鐘。蛋白燙到凝固，然後撈出來沖冷水，沖到完全冷卻。蛋白拍乾，壓過篩子或濾網，讓蛋白變成米粒狀。

5　牛絞肉放入大碗裡，加入蛋白粒、浸泡好的紅洋蔥醋、酸豆末、橄欖油、魚露或鯷魚，以及辛香料。用木勺子把所有配料都拌到均勻。試吃一小口，再用橄欖油、鹽、檸檬汁或醋和大量黑胡椒調整味道。韃靼牛肉可包好放冰箱冷藏1到2小時再吃。

6　上桌擺盤時，請將牛肉塑形分別放在4個盤子裡，中間挖出一個放生蛋黃的洞。放入生蛋黃，並撒上更多胡椒粉。搭配烤過的長棍麵包片和芝麻菜沙拉（請見這道食譜前的文字說明）。

當成食材

RECIPE NO.100
••• 咖啡巧克力舒芙蕾 •••   8人份

大家都覺得舒芙蕾出名的難做，但事實上並不然。你甚至可事前先把奶蛋糊拌好冰起來。但困難的地方在於時間的掌握，因為一出爐就得吃。蛋白霜帶著無數細小氣泡拌入香濃的蛋黃醬底（此處放的是巧克力鮮奶油），這就是舒芙蕾從杯子膨發的原因，但只要冷了，就回縮，小小烤盅就像變魔術般塌陷，因為你一個不注意而宣告失敗。

只要注意時間掌控，就能讓你的家人朋友大感驚訝，我從來沒看過有人不為舒芙蕾心動的。這裡放的舒芙蕾是用了咖啡粉和咖啡酒的味道，但你也可以挑你自己喜歡的風味，就如可用Grand Marnier酒代替Kahlúa咖啡甘露酒。

坊間舒芙蕾的食譜百百款，但我喜歡這道迅速簡單的效率，它不會過度膨發，只是親柔膨起，味道強烈而濃郁。

材料

- 3/4杯／180毫升牛奶
- 1湯匙咖啡粉
- 1湯匙不加糖的可可粉
- 1茶匙純香草精
- 鹽少許
- 6顆蛋，蛋白蛋黃分開
- 3/4杯／150克砂糖，還要一些塗烤盅

- 2湯匙麵粉拌入2湯匙Kahlúa咖啡甘露酒
- 3/4杯／150克半甜巧克力片
- 1茶匙新鮮檸檬汁
- 糖粉，上層撒糖用

做法

1　烤箱預熱至350℉／180℃。

2　準備8個120毫升的烤盅，在杯裡塗上奶油，也撒上一些糖，如倒入的糖太多請倒出。

3　牛奶、咖啡粉、可可粉、香草精和鹽放入小醬汁鍋，以中高溫煮到微滾。

4　在中碗中放入蛋黃和1/4杯／50克砂糖，用打蛋器打到均勻，看不到糖粉。

5　一面攪打，一面把1/4杯微滾的咖啡牛奶倒入蛋糊中調溫，然後再把調好溫的奶蛋糊倒回牛奶鍋中，持續攪拌加熱，煮到冒出細小奶泡。加入拌入咖啡酒的麵粉，一面加熱一面攪拌，讓醬料變濃稠，溫度也煮到微滾程度，約煮30到60秒。鍋子離火，放入巧克力碎，讓它蓋住醬汁慢慢融化。

6　一面讓巧克力奶蛋醬固定，一面準備蛋白霜。蛋白以攪拌機的打蛋器用高速打發，只要打到出現泡沫，就加入檸檬汁，撒入剩下半杯／100克的糖。持續攪拌，拌到蛋白硬性發泡。

7　巧克力醬放到另一個大碗裡。蛋白分三次倒入，一次倒入1/3，用翻折的方法，輕輕將巧克力醬和蛋白霜混和。拌好的醬料舀入準備好的烤盅裡，加到烤盅高度3/4就好。

8　送入烤箱烤30分鐘。烤好後，撒上糖粉，立刻享用。

••• 巧克力慕斯 •••

6人份

如果在巧克力甘納許中加入生蛋白就是經典的巧克力慕斯，生蛋白能將巧克力變輕盈且帶有甜味。這是一道帶來歡樂的甜點，又簡單又可事先做好。

材料

- 120克巧克力（可可含量至少要60％）
- 1湯匙無鹽奶油
- 鹽
- 2顆蛋，蛋黃蛋白分開
- 1杯／240毫升高脂鮮奶油
- 1/4杯／60克糖

做法

1 準備隔水加熱的雙層鍋，或者可用金屬碗或醬汁鍋墊在另一鍋微滾的熱水上，放入巧克力、奶油和一撮鹽隔水加熱。當70％的巧克力已融化，就請關火，但攪拌的動作不能停，拌5分鐘左右，讓它稍微冷卻，再拌入蛋黃。

2 高脂鮮奶油放入大碗，用打蛋器打發。打到軟性發泡後，撒入2湯匙／30克糖。持續攪打，打到出現硬挺的尖峰。打發鮮奶油封好放入冰箱冷藏。此時就可準備巧克力慕斯的其他部分。

3 打蛋白霜之前，一定要徹底清潔打蛋器與攪拌碗。在碗中加入蛋白和一撮鹽。打到出現泡沫，就撒入剩下的2湯匙／30克糖。持續攪打，直到出現硬挺濕潤的尖峰。放旁備用。

4 現在巧克力甘納許應已完全冷卻。請從冰箱中拿出打發鮮奶油，分三次拌入甘納許，一次拌入1/3，用翻折方式混和。拌好後再拌入1/3，到了第三次，請將巧克力奶醬和盛下1/3的打發鮮奶油一起倒入另一個更大的碗，拌到顏色都一致。

5 接來下將蛋白霜拌入巧克力奶醬中。分兩次拌入，一次放一半。請將巧克力奶醬和蛋白霜確實混和。

6 準備6個容器，可用高腳杯、大酒杯、普通的舊碗或烤盅，倒入慕斯醬。用保鮮膜包好放入冰箱至少冰3小時，最多可冰8小時讓巧克力凝固。冰好就可以吃了。

蛋／分開但一起利用／生蛋白＋熟蛋黃

是食材也是裝飾

••• 蛋酒 •••

4到5人份

加入熟蛋做成的蛋酒是真正的人間美味，其實那就是比較稀薄的英式鮮奶油。這種加蛋的方式解決了細菌的問題，讓那些對沙門桿菌中毒有異常恐懼的人，以及無論如何都不願意吃生蛋的人稍加安心（如果真的不願意吃生蛋，在這裡就不能放蛋白霜了，真遺憾）。我在我的網站ruhlman.com登出這道做蛋酒的技術，某個訪客致上謝意，她說因為她在安養中心工作，需要做很多蛋酒給老年人喝，他們也是最容易受到沙門桿菌毒性影響的一群人，這道蛋酒是完美的解決方案。

我在這裡安排這道食譜是因為它可以展現生蛋白如何做為輕盈裝飾，是一道完美的度假飲品。

材料
- 1.5杯／360毫升牛奶
- 1杯／240毫升鮮奶油
- 1根香草莢，垂直切開
- 新鮮肉荳蔻末
- 4顆蛋黃
- 1/4杯／50克糖，另需要2湯匙
- 2顆蛋白
- 1杯／240毫升蘭姆酒、白蘭地或波本威士忌

做法

1 1杯／240毫升牛奶、鮮奶油和香草莢放入小醬汁鍋，以中高溫煮到微滾，立刻從火上移開。用磨刀磨出大量肉荳蔻粉末，加入牛奶中浸泡10分鐘。再用削皮刀把香草莢刮入牛奶裡（香草莢可丟到糖罐或糖包裡，會讓糖沾上淡淡香草味）。

2 蛋黃和1/4杯／50克的糖放入中碗，用打蛋起攪拌均勻。一面拌，一面加入香草奶醬。準備一個大碗裝入一半冰一半水，上面再放一個碗預備隔水冰鎮，再把網篩疊在碗上。

3 回到醬汁鍋裡的蛋奶醬。請用中火將奶蛋醬煮幾分鐘，一面以扁平木勺或耐熱抹刀攪拌，把醬汁煮到濃稠，要煮到會在勺子背後覆上一層蛋奶醬的程度。如果想用溫度計測量，蛋奶醬溫度應達165℉／75℃。奶蛋醬倒在網篩上過濾且隔水冰鎮。加入剩下的半杯／120毫升牛奶，拌到完全均勻且冷卻。然後就可將蛋酒基底用保鮮膜包好，放入冰箱冷藏，等到要喝時再拿出來。

4 接下來要做蛋白霜。蛋白打發，打到出現泡沫時加入剩下的2湯匙糖，持續攪拌，打到蛋白軟性發泡（飲用前再打一下會有最好的濃度）。

5 在矮杯中放入4盎司的蛋酒基底和2盎司的酒，然後加入冰塊，上面一勺蛋白霜，再磨幾次肉豆蔻作裝飾，一份蛋酒就完成了。

••• 杏仁檸檬塔 •••

我正盤算著要做一個以蛋黃為基底的檸檬塔，最近又剛好到了佛羅里達的西礁島（Key West），那就做個奇檬子的檸檬塔好了！（奇檬子的原名正是key lime）。我喜歡這道甜點的原因是它包含三種利用蛋的方法。蛋黃做增味劑且幫助奶蛋醬固定；蛋白讓派殼凝結，也是蛋白霜裝飾的基本食材。如果你沒有做塔的模具，可以使用標準派烤盤。

材料

· 1杯／175克杏仁粉　· 1/4杯／35克中筋麵粉　· 5顆蛋，蛋白蛋黃分開

· 1/2杯／100克糖，另加3湯匙　· 3湯匙奶油，融化備用　· 1罐（約396克）煉乳

· 1/2杯／120毫升新鮮奇檬子果汁（或者用Nellie＆Joe出的著名奇檬子汁）

· 1湯匙萊姆皮碎

做法

1　烤箱預熱至350℉／180℃。鐵架放在烤箱中間位置。

2　塔皮的做法：杏仁粉和中筋麵粉放在中碗拌勻。另取一個小碗將2顆蛋白與3湯匙糖打散讓糖融化。打好的蛋白和融化奶油加入麵粉中均勻攪拌做成塔皮麵糊。然後準備一個9吋／23公分的塔烤盤，將麵糊壓入烤盤底部及邊緣。

3　塔皮烤10到12分鐘，烤到顏色金黃，就可放旁散熱備用。

4　內餡的做法：蛋黃、煉乳、奇檬子汁和萊姆皮碎全放在中碗裡攪拌均勻。再將奶蛋醬倒入放涼的塔殼裡。

5　放入烤箱烤20至30分鐘，烤到中心固定但輕推會晃動。烤好的奇檬子塔拿出來放涼。

6　在吃之前，再用3顆蛋白做義式蛋白霜（義式蛋白霜的比例是：以重量計，等重的蛋白和糖一起打發，再加入煮到250℉／120℃的糖漿，再打成硬性發泡）。蛋白霜用擠花袋擠到冷卻的檸檬塔上，再用小烤箱把上層蛋白霜烤出淡褐色，或用廚用噴槍上色，然後就可以吃了。

:::: 蛋白霜裝飾

1　用大型的星型擠花嘴擠出蛋白霜，一面上下律動做出波紋。

2　用烤箱烤蛋白霜時請小心，請轉動幾次烤出均勻的金黃色。

蛋／分開但一起利用／生蛋白＋生蛋黃

是食材也是裝飾

••• 傳統蛋酒 •••   2人份

這是兩人的即時享受。當然你也可做一大批，但我做傳統蛋酒更喜歡隨性些，就像有時唐娜和我跳過甜點，想換成某種甜蜜濃郁有過節氣氛的飲料，我們就會來上一杯。請用有機蛋製作，你無需擔心沙門氏桿菌的問題，不過如前所說，老人或免疫系統有問題的人也許該改用下面一道熟成蛋酒。

材料

- 2顆蛋，蛋黃蛋白分開
- 4茶匙糖
- 1/2杯／120毫升半脂鮮奶油
- 1/2杯／120毫升波本威士忌、黑麥酒或白蘭地
- 新鮮肉荳蔻粉

做法

1   蛋黃和2茶匙糖放入大的玻璃量杯，一面攪拌一面倒入半脂鮮奶油。然後加酒，拌到完全均勻。

2   準備一個小碗，放入蛋白打到起泡，再加入剩下的2茶匙糖。持續攪拌，打到你想要的厚度，如果你想把蛋白霜加入其他飲料，就打得稀鬆一些；如果想讓飲料帶有一點節慶氣氛，就打得較硬挺些。

3   蛋酒倒入兩個裝滿冰塊的矮玻璃杯，放上蛋白霜做裝飾，上面磨幾下肉荳蔻就完成了。（或者你也可以將蛋白霜拌入蛋酒內，再倒在冰塊上，用肉荳蔻粉做裝飾。）

傳統蛋酒 *Traditional Eggnog*

1　自己做蛋酒只需要2分鐘。將一半糖和蛋黃攪在一起（就是1人份）。或白蘭地。

2　拌入半脂鮮奶油和酒，可用波旁、麥酒或白蘭地。

3　攪打蛋白。

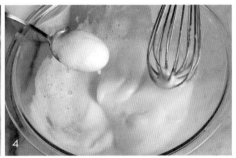

4　打到一半加入剩下的糖。打到你滿意的泡沫狀。

5　奶蛋酒倒入放有冰塊的杯子裡。

6　加入蛋白霜和肉荳蔻粉做裝飾。

傳統蛋酒

保存工具

RECIPE NO.105

••• 陳年蛋酒 •••   3公升

這是讓我心情大好的一道食譜。我第一次看到它是在chow.com，立刻被它吸引。
自己試做一次，登在自己網站ruhlman.com上。我的朋友喬納森·索耶（Jonathon
Sawyer），是主廚也是餐廳經營者，開始把這道蛋酒當成餐廳裡供應的日常飲品，並
用不同的烈酒配對組合（有人喜歡放在雪莉酒桶中熟成的蘇格蘭威士忌，也有人喜歡
將咖啡注入蘭姆酒裡，在這裡，你絕對有自我調配的空間）。

網路上有一份小型研究認為，在幾個星期熟成後，有害細菌和腐敗菌會在酒精作用下
失去功能。所以這個配方至少可在冰箱保存3年（那是我忍住不喝它的最長年限，如
果你能忍5年才喝，而覺得味道奇怪不好喝，請寫e-mail告訴我！）。蛋酒至少要熟
成3個星期才能喝，經過時間醞釀顏色才會變得鮮豔，口感獨特且有奇趣，熟成3個星
期是值得的。

喝時就如傳統蛋酒，加入冰塊，撒上肉荳蔻末，或用充滿氣泡的現打蛋白霜放在上面
做裝飾。

材料

· 12到14顆蛋黃
· 1.5杯／300克糖
· 1升半脂鮮奶油
· 1升波本威士忌
· 1杯／240毫升干邑白蘭地
· 2茶匙純香草精

做法

1 蛋黃和糖放入大碗攪打成奶霜狀，加入其他成
   分繼續攪打，把糖打散。蛋酒混合物倒入塑膠
   或玻璃容器中，蓋上蓋子，冷藏至少3個月。

2 享用時，可加入冰塊或直接磨下肉荳蔻碎。若
   你喜歡，還可搭配加糖打成的蛋白霜。

首先，我要感謝我的妻子唐娜，她也是這本書的合作者，她的攝影讓這本書用來更有價值。唐娜的鏡頭運用比較不像美食攝影師，而是更像攝影記者。刊登照片的目的在於傳達訊息，展示家庭廚師在自家廚房可以做到什麼地步，所以這本書裡的照片不是在我家廚房，就是在我家餐廳臨時張羅的攝影場地拍的。我常收到讀者謝函，他們讚賞唐娜在書中或部落格上的照片十分美麗，我非常感謝這些回應，但我們的主要目的不是引起美感喜悅，只是想讓廚師置身廚房能更自在（美感喜悅只是快樂的副產品）。人們不知道的是唐娜逼著我把事情做好，這才是工作的真義，才是我最該多謝我合作夥伴的地方。

如果沒有助理艾蜜麗亞·尤希（Emilia Juocys）的幫忙，這本書也無法完成。艾蜜麗亞是密西根人，她除了幫忙撰寫前言中的專欄〈各種雞蛋的營養差異〉，也幫忙構思書中許多食譜，讓我瘋狂的生活安定在某種規則中。艾蜜麗亞是主廚及廚藝老師布萊恩·波辛（Brian Polcyn）訓練出來的學生，布萊恩和我在寫《醃漬物，義大利乾醃技術》（Charcuterie and Salumi）這本書就一起合作，從那時候起，艾蜜麗亞總是支持我，我很高興能公開向她致謝。

這是在我的同事瑪琳·紐威爾（Marlene Newell）監督下完成的第四本書，她來自加拿大卡加利，這本書的食譜選擇及測試都由她負責。除此之外，她還經營美食網站cookskorner.com，是美好溫暖的虛擬料理社群。這本書的所有食譜不是經她測試，就是由她負責監看測試結果。如果我的配方有任何問題，肯定是我的疏忽，與她無關。因為她對細節如此在意。我也感謝馬修·茅原（Matthew Kaya hara），他是安大略的譯者，但是熱愛廚藝，也經歷過在高檔餐廳實習的考驗，他也負責測試食譜。

此外，我想感謝和我一起工作多年的主廚們，我從你們身上學到許多。針對這本書特別要感謝的是，一直被我用e-mail騷擾的糕點主廚麥可·萊斯柯尼斯（Michael Laiskonis）、柯里·巴雷特（Cory Barrett）、夏娜·費雪·林登（Shuna Fish Lydon）、大衛·萊波維茲（David Lebovitz），他們在糖和蛋白引起我

陣陣頭疼的時候，幫助我良多。

如果沒有唐娜的妹妹蕾吉娜‧賽門斯（Regina Simmons），這本書也是無法完成的。她是紐約哈德遜河谷的專業烘焙師，就像我在書裡寫的，她的專長就是蛋糕，對於婚禮蛋糕及喜慶蛋糕更是在行（在這方面我特別不行）。

我要感謝我的女兒艾蒂森和兒子詹姆斯。當我和唐娜把廚房和餐廳，這兩處房子裡最常去的地方變成攝影棚時，我要多謝他們的忍耐。也要謝謝他們忍受我們這對奇怪的父母，好像誰也沒離開家去上班（引用孩子的抱怨：「我要怎麼跟我朋友說你們是**做什麼的**？」）

最後，我將這本書獻給作家布萊克‧貝利（Black Bailey），他是我最親近的朋友。過去30年，我們共同分享了邊學邊寫的學徒作家的辛酸，常常一起吃飯，一起喝雞尾酒，雖然我覺得喝得還是不夠。他是深度思考家，撰寫許多名人作家傳記，如約翰‧齊佛（John Cheever）及里察‧葉慈（Richard Yates），大獲好評。我在這裡把這本討論蛋的書獻給這位莊嚴智者，將我對卑微的蛋唱出的頌歌獻給你，你一定會滿意的，布萊

克。因為你，我在這裡放了英國幽默小說家伍德豪斯（P. G. Wodehouse）寫的蛋的小故事，因為我知道它會取悅你。

醉得東倒西歪的伯蒂‧伍斯特想起了他和有名紳士吉福士的會面情形：

「你一定會想把這東西喝下去的，先生。」他說，臉上帶著御醫將盔甲丟向生病王子的高傲態度。

「這道小菜是我個人的發明，裡面有伍斯特醬給予顏色，生蛋黃能給你營養，紅椒帶來口感。紳士們告訴我說，在一個累人長夜之後，來這一道特別有勁。」

那天早晨，我想緊緊抓住任何看起來像生命線的東西。所以把那玩意吞了。一瞬間，彷彿覺得有人在我身上丟了炸彈，火炬沿著喉嚨蔓延，突然，一切事情都對了。太陽在窗口閃耀；鳥兒在樹梢呢喃；大體來說，感覺就像希望再次顯露。

趁我還能說些什麼的時候，我說：「你說對了！」

我們也許無法擁有我們的吉福士，但是，蛋，的確就如希望展露，肯定是的。

食譜技法索引